Amar Saraswat

Crónicas da computação em nuvem: Navegando em espaços virtuais

Amar Saraswat

Crónicas da computação em nuvem: Navegando em espaços virtuais

ScienciaScripts

Imprint

Any brand names and product names mentioned in this book are subject to trademark, brand or patent protection and are trademarks or registered trademarks of their respective holders. The use of brand names, product names, common names, trade names, product descriptions etc. even without a particular marking in this work is in no way to be construed to mean that such names may be regarded as unrestricted in respect of trademark and brand protection legislation and could thus be used by anyone.

Cover image: www.ingimage.com

This book is a translation from the original published under ISBN 978-620-7-63900-7.

Publisher:
Sciencia Scripts
is a trademark of
Dodo Books Indian Ocean Ltd. and OmniScriptum S.R.L publishing group

120 High Road, East Finchley, London, N2 9ED, United Kingdom
Str. Armeneasca 28/1, office 1, Chisinau MD-2012, Republic of Moldova, Europe
Printed at: see last page
ISBN: 978-620-7-94438-5

Índice

Capítulo 1: Introdução à computação em nuvem

Introdução

A computação em nuvem revolucionou a forma como as empresas e os indivíduos utilizam e interagem com a tecnologia. Na sua essência, a computação em nuvem refere-se à prestação de serviços informáticos - tais como armazenamento, capacidade de processamento e aplicações - através da Internet, em vez de depender de servidores locais ou dispositivos pessoais. Este modelo permite que os utilizadores acedam a recursos e serviços a pedido a partir de qualquer lugar com uma ligação à Internet, proporcionando uma flexibilidade e escalabilidade sem precedentes.

Uma das principais caraterísticas da computação em nuvem é a sua elasticidade, que permite aos utilizadores aumentar ou diminuir os recursos de acordo com as suas necessidades. Esta elasticidade é particularmente vantajosa para as empresas, uma vez que lhes permite lidar com as flutuações da procura sem a necessidade de investimentos significativos em infra-estruturas. Além disso, a computação em nuvem oferece um modelo de preços pay-as-you-go, em que os utilizadores pagam apenas pelos recursos que consomem, optimizando ainda mais a eficiência dos custos.

Outro aspeto importante da computação em nuvem é a sua acessibilidade. Com os serviços em nuvem, os utilizadores podem aceder aos seus dados e aplicações a partir de qualquer dispositivo com ligação à Internet, quebrando as barreiras dos ambientes informáticos tradicionais. Esta acessibilidade promove a colaboração e o trabalho remoto, permitindo que as equipas colaborem sem problemas, independentemente da sua localização.

A segurança é uma preocupação fundamental na computação em nuvem, dada a dependência da Internet para o armazenamento e processamento de dados. Os fornecedores de serviços de computação em nuvem utilizam medidas de segurança avançadas, como a encriptação, a autenticação e a autenticação multifactor, para proteger os dados contra o acesso não autorizado e as ciberameaças. No entanto, os utilizadores também devem assumir a responsabilidade pela implementação das melhores práticas de proteção de dados e privacidade para garantir a segurança das suas informações.

Além disso, a computação em nuvem oferece uma fiabilidade e um tempo de atividade sem paralelo em comparação com a infraestrutura tradicional no local. Os fornecedores de serviços de computação em nuvem investem fortemente em sistemas e centros de dados redundantes, garantindo uma elevada disponibilidade e capacidades de recuperação de desastres. Esta fiabilidade minimiza o tempo de inatividade e as interrupções, permitindo que as empresas mantenham a continuidade mesmo perante acontecimentos imprevistos.

O advento da computação em nuvem democratizou o acesso a tecnologias avançadas, como a inteligência artificial (IA), a aprendizagem automática (ML) e a análise de grandes volumes de dados. As plataformas de computação em nuvem fornecem o poder computacional e os recursos necessários para desenvolver e implementar modelos sofisticados de IA e ML, permitindo que organizações de todas as dimensões aproveitem as informações baseadas em dados para a tomada de decisões informadas e a inovação.

Além disso, a computação em nuvem promove a sustentabilidade ambiental ao otimizar a utilização de recursos e reduzir o consumo de energia. Ao consolidar os recursos de computação em centros de dados centralizados e ao empregar uma infraestrutura com eficiência energética, os provedores de nuvem minimizam a pegada de carbono associada às operações de TI. Esta abordagem ecológica alinha-se com os esforços globais para combater as alterações climáticas e construir um futuro mais sustentável.

Em conclusão, a computação em nuvem representa uma mudança de paradigma na forma como concebemos, implementamos e utilizamos a tecnologia. As suas caraterísticas inerentes de escalabilidade, acessibilidade, segurança, fiabilidade e sustentabilidade fazem dela uma ferramenta indispensável para empresas e indivíduos, impulsionando a inovação, a eficiência e a competitividade na era digital. À medida que a computação em nuvem continua a evoluir, o seu impacto transformador em várias indústrias e aspectos da vida quotidiana está pronto a aprofundar-se ainda mais, moldando o futuro da tecnologia e da sociedade.

1.1. O que é a computação em nuvem?

A computação em nuvem é um paradigma revolucionário no domínio da tecnologia da informação, alterando fundamentalmente a forma como as empresas e os indivíduos acedem, armazenam e processam dados. Na sua essência, a computação em nuvem refere-se à prestação de serviços de computação através da Internet, fornecendo aos utilizadores acesso a um conjunto partilhado de recursos, incluindo servidores, armazenamento, bases de dados, redes, software e muito mais, numa base a pedido. Ao contrário dos modelos de computação tradicionais que dependem de hardware e software locais, a computação em nuvem permite que os utilizadores utilizem servidores e infra-estruturas remotos mantidos por fornecedores terceiros, como o Amazon Web Services (AWS), o Microsoft Azure e o Google Cloud Platform.

Uma das principais caraterísticas da computação em nuvem é a sua escalabilidade, permitindo que os utilizadores aumentem ou diminuam rapidamente os recursos com base nas suas necessidades em constante mudança. Esta elasticidade garante que as empresas podem gerir eficazmente cargas de trabalho flutuantes sem a necessidade de investimentos dispendiosos em hardware ou infra-estruturas adicionais. Além disso, a computação em nuvem oferece um elevado nível de flexibilidade, permitindo aos utilizadores aceder a recursos a partir de qualquer lugar com uma ligação à Internet e numa variedade de dispositivos, incluindo computadores portáteis, smartphones e tablets.

Outro aspeto crucial da computação em nuvem é a sua relação custo-eficácia, uma vez que os utilizadores pagam apenas pelos recursos que consomem numa base de pagamento consoante a utilização, eliminando a necessidade de grandes investimentos iniciais em hardware e software. Este modelo de pagamento por utilização não só reduz as despesas de capital, como também permite que as empresas alinhem melhor os seus custos de TI com a sua utilização real, conduzindo a uma melhor gestão dos custos e à otimização do orçamento. Além disso, a computação em nuvem oferece maior fiabilidade e resiliência em comparação com os ambientes informáticos tradicionais, com mecanismos integrados de redundância e failover para garantir disponibilidade e tempo de funcionamento contínuos.

A segurança é uma preocupação primordial na computação em nuvem, e os fornecedores de nuvem respeitáveis implementam medidas de segurança rigorosas para proteger os dados e as aplicações dos utilizadores. Estas medidas incluem encriptação de dados, autenticação multi-fator, auditorias de segurança regulares e conformidade com as normas e regulamentos do sector. Embora algumas organizações possam ter receio de confiar os seus dados sensíveis a fornecedores terceiros, muitos fornecedores de serviços em nuvem oferecem funcionalidades de segurança robustas e certificações de conformidade para responder a estas preocupações e incutir confiança nos seus serviços.

Em resumo, a computação em nuvem representa uma mudança de paradigma na forma como os recursos informáticos são aprovisionados, consumidos e geridos. Ao tirar partido do poder da Internet e dos servidores remotos, a computação em nuvem oferece escalabilidade, flexibilidade, rentabilidade, fiabilidade e segurança, permitindo às empresas inovar e competir de forma mais eficaz na economia digital atual. À medida que as organizações continuam a adotar a computação em nuvem, a tecnologia continuará, sem dúvida, a evoluir, impulsionando mais inovação e transformação em todas as indústrias e sectores.

1.2. História e evolução da computação em nuvem

A computação em nuvem revolucionou a forma como as empresas e os indivíduos interagem com dados e software, mas as suas raízes são muito mais antigas do que se poderia esperar. O conceito de partilha remota de recursos informáticos remonta aos anos 50 e 60, com os primeiros computadores mainframe a serem acedidos por vários utilizadores através de "terminais burros". No entanto, a verdadeira génese da computação em nuvem, tal como a conhecemos hoje, pode ser vista nos anos 90, com o aparecimento da Internet e os avanços na tecnologia de ligação em rede.

Durante o boom das empresas "dot-com" no final dos anos 90 e início dos anos 2000, as empresas começaram a explorar formas de fornecer recursos informáticos através da Internet. Isto levou ao desenvolvimento de fornecedores de serviços de aplicações (ASPs), que ofereciam aplicações de software através da Internet com base numa subscrição. Embora os ASP tenham lançado as bases para a computação em nuvem, só em meados da década de 2000 é que o termo "computação em nuvem" ganhou popularidade.

Um dos principais marcos na evolução da computação em nuvem foi o lançamento do Amazon Web Services (AWS) em 2006. A AWS foi pioneira no conceito de Infraestrutura como Serviço (IaaS), permitindo aos utilizadores alugar servidores virtuais e armazenamento a pedido. Este facto marcou uma mudança significativa na forma como os recursos informáticos eram aprovisionados e consumidos, uma vez que as empresas já não precisavam de investir em hardware dispendioso à partida.

Nos anos que se seguiram, assistiu-se a um rápido crescimento e inovação no espaço da computação em nuvem, com empresas como a Google e a Microsoft a entrarem no mercado com as suas próprias plataformas de nuvem. Estas plataformas ofereciam uma vasta gama de serviços, incluindo a Plataforma como Serviço (PaaS) e o Software como Serviço (SaaS), expandindo ainda mais as possibilidades da computação em nuvem.

A evolução da computação em nuvem tem sido impulsionada por avanços tecnológicos, como virtualização, contentorização e computação distribuída. Essas tecnologias permitiram que os provedores de nuvem oferecessem soluções altamente escalonáveis e flexíveis para atender às necessidades das empresas modernas.

Atualmente, a computação em nuvem tornou-se omnipresente, alimentando tudo, desde aplicações Web e aplicações móveis a inteligência artificial e análise de grandes volumes de dados. As suas vantagens, incluindo a poupança de custos, a escalabilidade e a flexibilidade, tornaram-na indispensável para empresas de todas as dimensões.

Olhando para o futuro, a computação em nuvem está pronta para continuar a sua evolução com o aumento da computação de ponta, que aproxima os recursos de computação da fonte de dados. Isto permitirá um processamento mais rápido e uma latência reduzida para aplicações que requerem uma análise de dados em tempo real.

Em conclusão, a história e a evolução da computação em nuvem representam um percurso de inovação e transformação, impulsionado pela procura constante de soluções informáticas mais eficientes e escaláveis. À medida que a tecnologia continua a avançar, as possibilidades da computação em nuvem são praticamente ilimitadas, prometendo remodelar os sectores e capacitar a próxima geração de inovações digitais.

1.3. Importância e vantagens da computação em nuvem

A computação em nuvem surgiu como uma tecnologia transformadora, revolucionando a forma como as empresas funcionam e os indivíduos interagem com a tecnologia da informação. A sua importância e benefícios são múltiplos, desde uma maior escalabilidade e flexibilidade até à eficiência de custos e a uma melhor colaboração. Na sua essência, a computação em nuvem permite que as organizações acedam e utilizem recursos informáticos através da Internet numa base de pagamento conforme o uso, eliminando a necessidade de investimentos dispendiosos em infra-estruturas e reduzindo os encargos com a manutenção.

Uma das principais vantagens da computação em nuvem é a sua escalabilidade. As empresas podem aumentar ou diminuir rapidamente os seus recursos informáticos com base na procura, garantindo um desempenho ótimo e uma boa relação custo-eficácia. Esta flexibilidade permite às organizações adaptarem-se a cargas de trabalho flutuantes e a exigências sazonais sem a necessidade de investimentos iniciais significativos em hardware.

Além disso, a computação em nuvem promove a agilidade e a inovação, fornecendo acesso a uma vasta gama de tecnologias e serviços de ponta. Com as plataformas de computação em nuvem que oferecem ferramentas para inteligência artificial, aprendizagem automática, análise de grandes volumes de dados e muito mais, as empresas podem desenvolver e implementar rapidamente soluções inovadoras para obter uma vantagem competitiva no mercado.

A eficiência de custos é outra das principais vantagens da computação em nuvem. Ao passar de um modelo de despesas de capital para um modelo de despesas operacionais, as organizações podem reduzir significativamente os custos de TI. Os serviços em nuvem funcionam normalmente numa base de pagamento por utilização, o que significa que as empresas pagam apenas pelos recursos que consomem, eliminando a necessidade de aprovisionamento excessivo e reduzindo o desperdício de capacidade.

Além disso, a computação em nuvem melhora a colaboração e a produtividade, permitindo o acesso contínuo a dados e aplicações a partir de qualquer lugar, a qualquer momento e em qualquer dispositivo. Esta flexibilidade permite que os funcionários trabalhem remotamente, facilitando a colaboração entre equipas geograficamente dispersas e melhorando a eficiência global.

A segurança é uma preocupação crítica para as empresas, e a computação em nuvem oferece medidas de segurança robustas para proteger dados e aplicações. Os fornecedores de serviços de computação em nuvem investem fortemente na cibersegurança, utilizando mecanismos avançados de encriptação, autenticação e controlo de acesso para proteger as informações sensíveis contra o acesso não autorizado e as ciberameaças.

Além disso, a computação em nuvem promove a sustentabilidade ambiental ao otimizar a utilização de recursos e reduzir o consumo de energia. Ao consolidar os recursos informáticos nos centros de dados e ao tirar partido das tecnologias de virtualização, os fornecedores de serviços de computação em nuvem podem atingir níveis mais elevados de eficiência em comparação com as infra-estruturas tradicionais no local.

Em conclusão, a importância e os benefícios da computação em nuvem não podem ser exagerados. Desde a escalabilidade e flexibilidade à eficiência de custos e segurança, a computação em nuvem oferece uma miríade de vantagens que permitem às empresas inovar, colaborar e prosperar na era digital. À medida que a tecnologia continua a evoluir, a computação em nuvem continuará, sem dúvida, a ser uma pedra angular da infraestrutura de TI moderna, impulsionando o crescimento e permitindo a transformação em todos os sectores.

Conclusão :

A computação em nuvem surgiu como uma força transformadora no domínio da tecnologia, remodelando a forma como as empresas e os indivíduos interagem com dados e aplicações. Tal como explorámos nesta introdução, a computação em nuvem engloba uma vasta gama de serviços e tecnologias que permitem aos utilizadores aceder a recursos informáticos através da Internet, em vez de dependerem apenas da infraestrutura local.

Analisando a história e a evolução da computação em nuvem, as suas raízes remontam ao início da década de 2000, quando empresas como a Amazon e a Google foram pioneiras no conceito de fornecimento de capacidade de computação como um serviço público. Desde então, a computação em nuvem evoluiu rapidamente, com os avanços nas tecnologias de virtualização, rede e armazenamento a impulsionarem o seu crescimento e adoção em todos os sectores.

A importância e os benefícios da computação em nuvem não podem ser exagerados. Desde a poupança de custos e escalabilidade até à melhoria da colaboração e flexibilidade, a computação em nuvem oferece uma miríade de vantagens para organizações de todas as dimensões. Ao tirar partido da nuvem, as empresas podem simplificar as operações, acelerar a inovação e obter uma vantagem competitiva no atual cenário digital de ritmo acelerado.

Além disso, a computação em nuvem desempenha um papel fundamental na viabilização de tecnologias emergentes, como a inteligência artificial, a aprendizagem automática e a Internet das Coisas. A sua capacidade de fornecer acesso a pedido a poderosos recursos de computação permite que os programadores e os cientistas de dados criem e implementem aplicações sofisticadas com facilidade.

No entanto, embora a computação em nuvem ofereça inúmeros benefícios, ela também apresenta desafios e considerações que devem ser abordados. As preocupações com a segurança, a conformidade e a privacidade dos dados continuam a ser as principais prioridades das organizações que migram para a nuvem. Além disso, os problemas de bloqueio do fornecedor e de interoperabilidade podem constituir obstáculos a uma adoção perfeita da nuvem.

Em conclusão, a viagem pelo panorama da computação em nuvem forneceu informações valiosas sobre a sua definição, evolução e significado. À medida que avançamos, é evidente que a computação em nuvem continuará a moldar o futuro da tecnologia, impulsionando a inovação e permitindo que as empresas prosperem num mundo cada vez mais interligado. Ao compreenderem os fundamentos da computação em nuvem e abraçarem o seu potencial, as organizações podem desbloquear novas oportunidades e navegar pelas complexidades da era digital com confiança e agilidade.

Capítulo 2. Fundamentos da computação em nuvem

Introdução:

A computação em nuvem tornou-se um aspeto indispensável da tecnologia moderna, revolucionando a forma como as empresas funcionam e os indivíduos interagem com os dados. Na sua essência, a computação em nuvem refere-se à prestação de serviços informáticos - incluindo servidores, armazenamento, bases de dados, redes, software e outros - através da Internet, oferecendo recursos flexíveis e economias de escala. Compreender os fundamentos da computação em nuvem é crucial para qualquer pessoa que esteja a navegar no panorama digital atual.

Em primeiro lugar, a computação em nuvem funciona com base no princípio do agrupamento de recursos, em que vários utilizadores podem aceder simultaneamente a recursos informáticos partilhados. Este agrupamento permite uma utilização eficiente dos recursos, reduzindo os custos e optimizando o desempenho. Além disso, a computação em nuvem oferece autosserviço a pedido, permitindo que os utilizadores forneçam recursos conforme necessário, sem necessidade de intervenção humana dos fornecedores de serviços.

A escalabilidade é outro aspeto fundamental da computação em nuvem. Os utilizadores podem facilmente aumentar ou diminuir os seus recursos com base na procura, garantindo que têm o poder de computação e a capacidade de armazenamento necessários para suportar as suas aplicações e cargas de trabalho. Esta flexibilidade é particularmente valiosa para empresas com cargas de trabalho flutuantes ou em rápido crescimento.

Além disso, a computação em nuvem proporciona um amplo acesso à rede, permitindo que os utilizadores acedam aos serviços em nuvem a partir de qualquer lugar com uma ligação à Internet. Esta acessibilidade promove a colaboração e o trabalho remoto, permitindo que as equipas trabalhem em conjunto sem problemas, independentemente da sua localização física. Além disso, a computação em nuvem oferece rápida elasticidade, permitindo que os recursos sejam rapidamente provisionados ou desprovisionados para atender às demandas em constante mudança. Esta agilidade permite que as organizações respondam rapidamente à dinâmica do mercado e às necessidades dos clientes, obtendo uma vantagem competitiva no atual ambiente empresarial de ritmo acelerado.

A segurança é uma preocupação fundamental na computação em nuvem. Os fornecedores implementam medidas de segurança robustas para proteger os dados contra o acesso não autorizado, garantindo a confidencialidade, a integridade e a disponibilidade. Da encriptação aos controlos de acesso e às auditorias de segurança regulares, os fornecedores de serviços em nuvem dão prioridade à segurança para incutir confiança nos seus serviços.

A interoperabilidade e a portabilidade também são fundamentais para a computação em nuvem. Os utilizadores podem migrar facilmente aplicações e dados entre diferentes ambientes de nuvem ou entre a infraestrutura no local e a nuvem, tirando partido de estratégias híbridas ou multi-nuvem para satisfazer os seus requisitos específicos. Essa flexibilidade reduz a dependência de fornecedores e permite que as organizações escolham a melhor combinação de serviços em nuvem para suas necessidades.

Além disso, a computação em nuvem facilita a automação através do uso de interfaces de programação de aplicativos (APIs) e ferramentas de orquestração. A automatização simplifica os processos, melhora a eficiência e reduz o potencial de erro humano, permitindo que as organizações se concentrem na inovação e na criação de valor.

Em conclusão, os fundamentos da computação em nuvem abrangem o agrupamento de recursos, o autosserviço a pedido, a escalabilidade, o amplo acesso à rede, a rápida elasticidade, a segurança, a interoperabilidade e a automatização. Ao compreender e aproveitar estes fundamentos, os indivíduos e as organizações podem desbloquear todo o potencial da computação em nuvem para impulsionar a inovação, aumentar a produtividade e atingir os seus objectivos no mundo digital de hoje.

2.1. Modelos de serviços em nuvem

Os modelos de serviços em nuvem oferecem soluções flexíveis e escaláveis para empresas e indivíduos, revolucionando a forma como os recursos informáticos são acedidos e utilizados. Estes modelos, tipicamente categorizados em três tipos principais - Infraestrutura como serviço (IaaS), Plataforma como serviço (PaaS) e Software como serviço (SaaS) - fornecem níveis variados de abstração e gestão, satisfazendo diversas necessidades e preferências.

Começando com a Infraestrutura como um Serviço (IaaS), este modelo fornece recursos informáticos virtualizados através da Internet, incluindo servidores, armazenamento e redes. Os utilizadores têm controlo total sobre os sistemas operativos, as aplicações e as estruturas de desenvolvimento executadas na infraestrutura, permitindo uma maior flexibilidade e personalização. O IaaS é particularmente vantajoso para as organizações que procuram aliviar as despesas gerais de manutenção de hardware físico, mantendo o controlo sobre o seu ambiente de software.

A plataforma como serviço (PaaS) leva a abstração um passo mais além, oferecendo um ambiente completo de desenvolvimento e implementação na nuvem. Com a PaaS, os programadores podem concentrar-se apenas na criação e implementação de aplicações sem se preocuparem com a gestão da infraestrutura subjacente. Este modelo acelera o ciclo de vida do desenvolvimento, fomenta a colaboração entre equipas e promove a inovação, fornecendo uma plataforma normalizada para o desenvolvimento de aplicações.

O software como serviço (SaaS) representa o nível mais elevado de abstração, fornecendo aplicações de software totalmente funcionais através da Internet, com base numa assinatura. Os utilizadores acedem a estas aplicações através de navegadores Web ou de APIs, sem necessidade de instalar ou manter qualquer software localmente. As soluções SaaS vão desde ferramentas de produtividade, como correio eletrónico e suites de escritório, a aplicações de nível empresarial, como sistemas de gestão de relações com clientes (CRM) e de planeamento de recursos empresariais (ERP). O SaaS oferece conveniência, escalabilidade e acessibilidade sem paralelo, tornando-o uma escolha popular para as empresas que procuram otimizar as suas operações.

Cada modelo de serviço de nuvem tem o seu próprio conjunto de benefícios e considerações, tornando crucial para as organizações avaliarem os seus requisitos e objectivos antes de seleccionarem a opção mais adequada. Factores como o custo, a escalabilidade, a segurança e a conformidade devem ser cuidadosamente avaliados para garantir o alinhamento com os objectivos comerciais e os requisitos regulamentares.

Além disso, a adoção de modelos de serviços na nuvem facilitou a proliferação de tecnologias e práticas nativas da nuvem, como a arquitetura de microsserviços, a contentorização e a computação sem servidor. Estas inovações permitem que as organizações criem, implementem e escalem aplicações de forma mais eficiente, impulsionando a agilidade e a competitividade no atual cenário digital de ritmo acelerado.

Além disso, os modelos de serviços em nuvem permitem que as organizações optimizem a utilização de recursos, minimizem o tempo de inatividade e melhorem as capacidades de recuperação de desastres através da redundância geográfica e de funcionalidades de elevada disponibilidade. Ao tirar partido da elasticidade da infraestrutura de nuvem, as empresas podem ajustar dinamicamente os seus recursos informáticos com base nas flutuações da procura, reduzindo assim os custos operacionais e melhorando a eficiência.

Em conclusão, os modelos de serviços em nuvem oferecem uma infinidade de benefícios, desde a economia de custos e a escalabilidade até a inovação e a resiliência. Ao aproveitar a flexibilidade e a agilidade da computação em nuvem, as organizações podem acelerar as iniciativas de transformação digital, impulsionar o crescimento dos negócios e ficar à frente da concorrência num mundo cada vez mais interligado.

2.2. Modelos de implantação da nuvem

Os modelos de implementação da nuvem são estruturas cruciais que ditam a forma como os recursos de computação em nuvem são aprovisionados e utilizados. Estes modelos oferecem diversas opções que respondem a diferentes necessidades, desde a flexibilidade à segurança. Compreendê-los é essencial para as organizações que navegam no cenário da nuvem.

Em primeiro lugar, o modelo de Public Cloud é como um complexo de apartamentos partilhados onde os recursos estão abertos para qualquer pessoa utilizar. Oferece escalabilidade e acessibilidade, o que o torna ideal para empresas em fase de arranque ou com necessidades flutuantes. No entanto, devido à infraestrutura partilhada, surgem frequentemente preocupações sobre a privacidade e a segurança dos dados.

Por outro lado, o modelo de Nuvem Privada funciona como um condomínio fechado, oferecendo recursos dedicados apenas para uso de uma organização. Proporciona uma maior segurança e controlo sobre os dados, tornando-o adequado para sectores com requisitos de conformidade rigorosos, como o sector financeiro ou da saúde. No entanto, tem custos mais elevados e escalabilidade reduzida em comparação com as opções de nuvem pública.

Depois, há o modelo de Nuvem híbrida, uma mistura de nuvens públicas e privadas, oferecendo o melhor dos dois mundos. Permite às organizações tirar partido da escalabilidade das nuvens públicas para operações não sensíveis, mantendo os dados críticos seguros num ambiente privado. Esta flexibilidade é vantajosa para as empresas que procuram otimizar a sua infraestrutura de TI sem comprometer a segurança.

Em seguida, o modelo Community Cloud é semelhante a um bairro onde várias organizações com interesses semelhantes partilham recursos de nuvem. Promove a colaboração e a partilha de custos entre os membros da comunidade, ao mesmo tempo que responde a necessidades específicas de regulamentação ou conformidade. No entanto, a coordenação entre as partes interessadas e as questões de governação podem colocar desafios.

Outro modelo emergente é a Nuvem Distribuída, que descentraliza os recursos da nuvem em vários locais, incluindo dispositivos de borda. Ele melhora o desempenho e a confiabilidade, reduzindo a latência e a dependência de data centers centralizados. No entanto, o gerenciamento eficiente de recursos distribuídos exige uma infraestrutura de rede robusta e ferramentas avançadas de orquestração.

Além disso, o modelo de várias nuvens permite que as organizações utilizem serviços de vários provedores de nuvem, atenuando a dependência de fornecedores e aumentando a resiliência. Oferece flexibilidade na escolha das melhores soluções para diferentes cargas de trabalho, ao mesmo tempo que distribui os riscos por diversas plataformas. No entanto, a gestão de várias nuvens aumenta a complexidade em termos de integração e governação.

Além disso, o modelo Intercloud centra-se na interoperabilidade e na conetividade sem descontinuidades entre diferentes ambientes de nuvem. Facilita a portabilidade da carga de trabalho e a troca de dados entre plataformas diferentes, promovendo soluções independentes do fornecedor e evitando restrições específicas do fornecedor. No entanto, os desafios de normalização e os problemas de compatibilidade podem impedir a adoção generalizada.

Por último, o modelo Serverless Cloud abstrai totalmente a gestão da infraestrutura, permitindo que os programadores se concentrem apenas na escrita de código. Oferece escalonamento automático e preços de pagamento por execução, optimizando a utilização dos recursos e reduzindo as despesas operacionais. No entanto, exige uma mudança de paradigma na conceção das aplicações e pode não ser adequado para todos os casos de utilização devido a limitações de desempenho.

Em conclusão, os modelos de implementação da nuvem oferecem diversas opções para as organizações adaptarem a sua infraestrutura de acordo com necessidades e preferências específicas. Quer se dê prioridade à escalabilidade, à segurança ou à flexibilidade, a escolha do modelo certo é crucial para desbloquear todo o potencial da computação em nuvem e, ao mesmo tempo, abordar eficazmente os objectivos comerciais.

2.3. Principais componentes e arquitetura da computação em nuvem

A computação em nuvem tornou-se parte integrante da infraestrutura tecnológica moderna, permitindo que empresas e indivíduos acedam a recursos informáticos através da Internet. A sua arquitetura inclui vários componentes-chave que funcionam em conjunto de forma integrada para fornecer serviços informáticos escaláveis, fiáveis e a pedido.

Na base da computação em nuvem estão os centros de dados, que abrigam servidores, sistemas de armazenamento, equipamentos de rede e outros componentes de hardware. Esses centros de dados formam a espinha dorsal da infraestrutura de nuvem, fornecendo os recursos físicos necessários para suportar os serviços de nuvem.

No topo da camada de hardware, a tecnologia de virtualização desempenha um papel crucial. A virtualização permite que várias máquinas virtuais (VMs) sejam executadas num único servidor físico, maximizando a utilização de recursos e permitindo um escalonamento eficiente. Abstrai o hardware subjacente, permitindo aos utilizadores aprovisionar e gerir VMs independentemente da infraestrutura física.

O próximo componente-chave é o hipervisor ou monitor de máquina virtual (VMM), que gerencia os recursos virtualizados e facilita a comunicação entre as VMs e o hardware subjacente. Garante que cada VM funciona de forma segura e eficiente, isolando-as umas das outras para evitar interferências e otimizar o desempenho.

As plataformas de computação em nuvem também dependem muito de ferramentas de orquestração e gerenciamento. Essas ferramentas automatizam a implantação, o dimensionamento e o gerenciamento de recursos de nuvem, simplificando as operações e reduzindo a intervenção manual. As estruturas de orquestração, como Kubernetes e OpenStack, permitem que as organizações definam, implantem e gerenciem ambientes de aplicativos complexos com facilidade.

Outro componente crítico da arquitetura da nuvem é a infraestrutura de rede, que permite a comunicação entre utilizadores, aplicações e serviços de nuvem. Redes redundantes e de alta velocidade conectam os centros de dados e garantem o acesso de baixa latência aos recursos da nuvem de qualquer lugar do mundo. Além disso, os mecanismos de segurança da rede, como firewalls, criptografia e controle de acesso, garantem a confidencialidade, a integridade e a disponibilidade dos dados transmitidos pela rede.

A computação em nuvem não estaria completa sem medidas de segurança robustas. A segurança está integrada em todas as camadas da arquitetura da nuvem, abrangendo medidas de segurança física em centros de dados, protocolos de segurança de rede, encriptação de dados em trânsito e em repouso, mecanismos de gestão de identidade e acesso (IAM) e ferramentas de monitorização e auditoria de segurança.

Além disso, as arquitecturas de computação em nuvem incorporam frequentemente serviços como bases de dados, filas de mensagens, redes de distribuição de conteúdos (CDN) e plataformas de computação sem servidor para fornecer funcionalidades adicionais e melhorar o desempenho. Estes serviços abstraem componentes complexos da infraestrutura, permitindo que os utilizadores se concentrem no desenvolvimento e na implantação de aplicações sem se preocuparem com a gestão da infraestrutura subjacente.

Por último, um aspeto fundamental da arquitetura da computação em nuvem é a sua escalabilidade e elasticidade. Os serviços de nuvem podem aumentar ou diminuir os recursos de forma dinâmica com base na procura, permitindo que as organizações lidem com cargas de trabalho flutuantes de forma eficiente e económica. Esta escalabilidade é possível graças à natureza distribuída da arquitetura subjacente e à utilização de tecnologias como o escalonamento automático e o equilíbrio de carga.

Em conclusão, a arquitetura da computação em nuvem engloba um conjunto diversificado de componentes e tecnologias que trabalham em conjunto para fornecer serviços de computação flexíveis, escaláveis e fiáveis. Desde centros de dados e virtualização até mecanismos de orquestração, segurança e escalabilidade, cada componente desempenha um papel crucial para permitir que a nuvem satisfaça as exigências dos ambientes de computação modernos.

Conclusão:

Em conclusão, os fundamentos da computação em nuvem constituem uma força transformadora no cenário digital moderno, oferecendo flexibilidade, escalabilidade e acessibilidade sem paralelo para empresas e indivíduos. Através de uma exploração dos modelos de serviços em nuvem, incluindo a Infraestrutura como serviço (IaaS), a Plataforma como serviço (PaaS) e o Software como serviço (SaaS), revelámos a diversidade de soluções disponíveis para satisfazer diferentes necessidades e objectivos. Cada modelo apresenta vantagens únicas, desde o poder de computação bruto e as capacidades de armazenamento do IaaS até aos ambientes de desenvolvimento simplificados do PaaS e às aplicações prontas a utilizar do SaaS. Além disso, a análise dos modelos de implementação da nuvem - pública, privada, híbrida e comunitária - sublinhou a importância de adaptar as estratégias de nuvem a requisitos organizacionais específicos, equilibrando considerações de segurança, controlo e rentabilidade.

Ao aprofundar os principais componentes e a arquitetura da computação em nuvem, descobrimos a intrincada rede de tecnologias e serviços que sustentam a sua funcionalidade. Da virtualização e contentorização às ferramentas de orquestração e automatização, o ecossistema da computação em nuvem caracteriza-se pela sua natureza dinâmica e em constante evolução. Além disso, a estrutura arquitetónica da computação em nuvem abrange uma multiplicidade de camadas, desde a camada de infraestrutura que inclui servidores físicos e hardware de rede até à camada de plataforma que fornece ambientes de tempo de execução e ferramentas de desenvolvimento e, por último, a camada de aplicação que fornece serviços e experiências ao utilizador final.

Na sua essência, os fundamentos da computação em nuvem representam uma mudança de paradigma na forma como os recursos informáticos são aprovisionados, geridos e utilizados. Ao abstrair as complexidades da infraestrutura de TI tradicional e ao oferecer acesso a pedido a uma vasta gama de recursos, a computação em nuvem permite que as organizações inovem mais rapidamente, escalem de forma mais eficiente e gerem mais valor para os seus intervenientes. No entanto, no meio da miríade de oportunidades oferecidas pela nuvem, é imperativo estar ciente dos desafios associados, incluindo preocupações com a segurança dos dados, questões de conformidade regulamentar e riscos de dependência do fornecedor.

No futuro, uma compreensão diferenciada dos modelos de serviços em nuvem, das estratégias de implantação e dos princípios de arquitetura será essencial para as empresas que procuram aproveitar todo o potencial da computação em nuvem. Além disso, os avanços contínuos em áreas como a computação periférica, as arquitecturas sem servidor e a automatização orientada para a IA prometem melhorar ainda mais as capacidades e o impacto das tecnologias de nuvem nos próximos anos. À medida que navegamos neste cenário em constante mudança, é evidente que a computação em nuvem continuará a servir como pedra angular da transformação digital, impulsionando a inovação, a eficiência e a agilidade em todas as indústrias e sectores. Ao adotar os fundamentos da computação em nuvem e ao adaptar-se ao seu cenário em evolução, as organizações podem posicionar-se para o sucesso num mundo cada vez mais competitivo e interligado.

Capítulo 3. Fornecedores e plataformas de nuvem

Introdução:

A computação em nuvem revolucionou a forma como as empresas funcionam, oferecendo acesso escalável e a pedido a recursos de computação através da Internet. No centro desta transformação estão os fornecedores e as plataformas de computação em nuvem, que servem de espinha dorsal para alojar e fornecer uma vasta gama de serviços e aplicações. Os fornecedores de serviços de computação em nuvem oferecem infra-estruturas, software e plataformas como serviços, permitindo que as organizações descarreguem as suas necessidades de TI para fornecedores terceiros e se concentrem nos seus principais objectivos comerciais.

Uma das principais vantagens dos fornecedores e plataformas de nuvem é a sua capacidade de proporcionar flexibilidade e escalabilidade. As organizações podem facilmente aumentar ou diminuir os seus recursos informáticos com base na procura, sem a necessidade de um investimento inicial significativo em hardware ou infra-estruturas. Esta flexibilidade permite que as empresas se adaptem rapidamente às condições de mercado e às necessidades dos clientes em constante mudança, reduzindo também os custos associados à manutenção e gestão de servidores físicos.

Além disso, os fornecedores de serviços de computação em nuvem oferecem uma gama de serviços e soluções para satisfazer diversos requisitos empresariais. Desde recursos básicos de armazenamento e computação até ferramentas avançadas de análise e aprendizagem automática, as plataformas de nuvem fornecem um conjunto abrangente de serviços que podem ser adaptados a casos de utilização e sectores específicos. Esta amplitude de ofertas permite às organizações tirar partido das mais recentes tecnologias e inovações sem terem de as construir e manter internamente.

Outra vantagem importante dos fornecedores de serviços em nuvem é o seu alcance e disponibilidade globais. Com centros de dados localizados em todo o mundo, as plataformas de nuvem podem fornecer serviços de baixa latência e elevado desempenho aos utilizadores, independentemente da sua localização. Esta infraestrutura global também fornece redundância e tolerância a falhas, garantindo que os serviços permaneçam disponíveis mesmo em caso de falhas de hardware ou desastres naturais.

A segurança é outro aspeto crítico da computação em nuvem, e os fornecedores de nuvem investem fortemente em medidas de segurança robustas para proteger os dados e as aplicações dos seus clientes. Desde a encriptação e os controlos de acesso a auditorias de segurança regulares e certificações de conformidade, as plataformas de nuvem oferecem um nível de segurança que, muitas vezes, é difícil para as organizações alcançarem sozinhas.

Além disso, os fornecedores de serviços em nuvem oferecem um modelo de preços de pagamento conforme o uso, que permite que as organizações paguem apenas pelos recursos que usam. Este modelo de preços baseado no consumo pode ajudar as empresas a otimizar as suas despesas de TI e a reduzir os custos, especialmente para cargas de trabalho com uma procura flutuante.

Em conclusão, os fornecedores e as plataformas de computação em nuvem desempenham um papel central para permitir que as organizações aproveitem o poder da computação em nuvem. Ao oferecerem infra-estruturas e serviços flexíveis, escaláveis e seguros, as plataformas de nuvem permitem às empresas inovar, crescer e competir na economia digital atual. À medida que a tecnologia continua a evoluir, os fornecedores de serviços de computação em nuvem continuarão a impulsionar a inovação e a moldar o futuro da computação.

3.1. Principais fornecedores de serviços de computação em nuvem

No domínio da computação em nuvem, vários grandes fornecedores de serviços estão na vanguarda, oferecendo uma vasta gama de serviços a particulares e empresas. Entre estes, a Amazon Web Services (AWS) ocupa uma posição de destaque, conhecida pelo seu vasto conjunto de serviços de computação em nuvem, que vão desde a capacidade de computação a soluções de armazenamento. Com uma presença global e uma infraestrutura robusta, a AWS responde a diversas necessidades, quer se trate do alojamento de sítios Web, da execução de aplicações ou da implementação de algoritmos de aprendizagem automática.

Logo atrás vem o Microsoft Azure, que aproveita a sua integração com o conjunto de produtos da Microsoft para proporcionar uma experiência perfeita aos utilizadores. A força do Azure reside na sua compatibilidade com sistemas baseados no Windows e na sua vasta gama de ferramentas para programadores, permitindo a criação de soluções escaláveis e eficientes. Além disso, o Azure apresenta uma forte ênfase em implementações de nuvem híbrida, permitindo que as empresas integrem perfeitamente a sua infraestrutura no local com a nuvem.

A Google Cloud Platform (GCP) surge como outro ator importante, conhecido pela sua proeza na análise de dados e na aprendizagem automática. Tirando partido da vasta infraestrutura da Google e da sua experiência no tratamento de dados em grande escala, a GCP oferece serviços adaptados ao processamento de grandes volumes de dados, à IA e às aplicações IoT. Além disso, a ênfase do GCP na sustentabilidade e na responsabilidade ambiental atrai as organizações que procuram soluções ecológicas.

A IBM Cloud destaca-se pelo seu foco em soluções de nível empresarial e implementações de nuvem híbrida. Com uma base sólida em computação empresarial e uma rede robusta de centros de dados, a IBM Cloud atende a empresas que exigem altos níveis de segurança, conformidade e fiabilidade. As suas ofertas abrangem uma vasta gama de serviços, incluindo IA, blockchain e IoT, adaptados para satisfazer as necessidades complexas das grandes organizações.

A Oracle Cloud merece destaque pela sua especialização em gestão de bases de dados e aplicações empresariais. Tirando partido da vasta experiência da Oracle em tecnologias de bases de dados, a Oracle Cloud fornece serviços de bases de dados de elevado desempenho, juntamente com um conjunto de aplicações empresariais para vários sectores. O seu foco na integração e compatibilidade com a infraestrutura Oracle existente atrai as empresas que procuram uma transição perfeita para a nuvem.

A Alibaba Cloud surge como uma força dominante no mercado asiático, oferecendo um conjunto abrangente de serviços em nuvem adaptados às empresas da região. Com uma forte ênfase na escalabilidade, fiabilidade e relação custo-eficácia, a Alibaba Cloud atende a uma gama diversificada de indústrias, do comércio eletrónico às finanças. A sua infraestrutura robusta e o seu compromisso com a inovação posicionam-na como um interveniente-chave no panorama global da computação em nuvem.

A Salesforce, conhecida pela sua plataforma de gestão das relações com os clientes (CRM), também deu passos significativos no espaço da computação em nuvem com a Salesforce Cloud. Direcionada para empresas que procuram soluções baseadas na nuvem para vendas, marketing e serviço ao cliente, a Salesforce Cloud oferece um conjunto de serviços concebidos para melhorar o envolvimento do cliente e impulsionar o crescimento do negócio. A sua ênfase na personalização e na integração com aplicações de terceiros torna-a uma escolha popular entre as empresas que procuram soluções de CRM personalizadas.

Por último, a Tencent Cloud emerge como um dos principais intervenientes no mercado chinês, oferecendo uma vasta gama de serviços em nuvem adaptados às empresas da região. Com uma forte ênfase na segurança, conformidade e localização, a Tencent Cloud atende às necessidades exclusivas das empresas chinesas, fornecendo serviços como computação em nuvem, big data e IA. A sua extensa rede de centros de dados e o seu compromisso com a inovação posicionam-na como um interveniente fundamental no sector de computação em nuvem em rápido crescimento da China.

Em conclusão, cada um destes grandes fornecedores de serviços de computação em nuvem apresenta pontos fortes e ofertas únicas, atendendo a uma gama diversificada de necessidades em vários sectores e regiões. Como a procura de computação em nuvem continua a aumentar, estes fornecedores estão preparados para desempenhar um papel cada vez mais vital na definição do futuro da tecnologia e dos negócios.

3.2. Comparações das plataformas de computação em nuvem

Comparar plataformas de nuvem é semelhante a navegar num cenário complexo de funcionalidades, métricas de desempenho e estruturas de preços. Cada plataforma oferece o seu próprio conjunto de vantagens e desvantagens, adaptadas para satisfazer as diversas necessidades das indústrias e aplicações. Aqui está uma visão geral abrangente que compara algumas das principais plataformas de nuvem: Amazon Web Services (AWS), Microsoft Azure e Google Cloud Platform (GCP).

O AWS, frequentemente considerado o pioneiro da computação em nuvem, possui uma vasta gama de serviços e uma rede global de centros de dados. A sua escalabilidade e fiabilidade são reconhecidas, tornando-a uma escolha de topo para empresas com cargas de trabalho exigentes. O Azure, apoiado pela vasta experiência empresarial da Microsoft, oferece uma integração perfeita com ambientes Windows e um forte conjunto de ferramentas de IA e de aprendizagem automática. O GCP, conhecido pelas suas tecnologias de ponta e ênfase na análise de dados, apela às organizações que procuram inovação e agilidade.

Em termos de serviços de computação, o Elastic Compute Cloud (EC2) do AWS fornece uma vasta gama de tipos de instâncias para acomodar várias cargas de trabalho. As Máquinas Virtuais do Azure oferecem uma flexibilidade semelhante, enquanto o Compute Engine do GCP dá ênfase aos descontos de utilização sustentada e aos tipos de máquinas personalizados para otimização dos custos. Para soluções de armazenamento, o Simple Storage Service (S3) do AWS lidera com a sua durabilidade e escalabilidade, seguido de perto pelo Azure Blob Storage e pelo Cloud Storage do GCP, ambos oferecendo funcionalidades e preços competitivos.

No domínio da análise de dados e da aprendizagem automática, cada plataforma tem os seus pontos fortes. O Amazon Redshift do AWS destaca-se no armazenamento de dados, o Cosmos DB do Azure oferece capacidades de base de dados distribuídas globalmente e o BigQuery do GCP destaca-se pela sua abordagem sem servidor e altamente escalável à análise de dados. Relativamente à contentorização e orquestração, o Elastic Kubernetes Service (EKS) da AWS, o Azure Kubernetes Service (AKS) e o Kubernetes Engine do GCP fornecem soluções robustas, com diferenças nos serviços geridos e nas capacidades de integração.

No que diz respeito aos preços, cada fornecedor de serviços na nuvem utiliza um modelo único, o que torna as comparações diretas um desafio. A AWS é frequentemente líder na oferta de uma vasta gama de opções de preços, incluindo instâncias pagas conforme o uso e reservadas. O Azure oferece flexibilidade através das suas opções de licenciamento híbrido e das Instâncias Reservadas do Azure, enquanto o GCP dá ênfase aos descontos de utilização sustentada e à faturação ao segundo.

Em termos de alcance global, a AWS mantém a rede mais extensa de centros de dados, abrangendo regiões de todo o mundo. O Azure e o GCP também têm vindo a expandir rapidamente as suas infra-estruturas, com o Azure ligeiramente à frente em termos de presença global. Além disso, considerações como certificações de conformidade, funcionalidades de segurança e parcerias de ecossistema desempenham um papel crucial na tomada de decisões das empresas em todas as plataformas.

Em última análise, a escolha de uma plataforma de nuvem depende de factores como requisitos comerciais específicos, investimentos em tecnologia existentes e objectivos estratégicos. Embora o AWS, o Azure e o GCP concorram ferozmente, cada um oferece uma proposta de valor única, garantindo que as organizações têm opções adaptadas às suas necessidades no cenário em constante evolução da computação em nuvem.

3.3. Tendências emergentes e intervenientes no sector da computação em nuvem

A indústria da nuvem está a assistir a um aumento das tendências e dos intervenientes emergentes, remodelando o panorama das infra-estruturas e dos serviços digitais. Uma tendência significativa é a rápida adoção de estratégias multi-nuvem e de nuvem híbrida por parte das empresas que procuram otimizar o desempenho, a escalabilidade e a relação custo-eficácia. Esta tendência levou ao aparecimento de fornecedores de serviços de nuvem especializados que se concentram em nichos de mercado ou sectores específicos, oferecendo soluções personalizadas para satisfazer diversas necessidades.

Outra tendência notável é a crescente proeminência da computação periférica, impulsionada pela proliferação de dispositivos da Internet das Coisas (IoT) e pela procura de capacidades de processamento de baixa latência. A computação periférica permite o processamento de dados mais próximo da fonte, reduzindo a latência e a utilização da largura de banda, e está preparada para revolucionar sectores como os veículos autónomos, os cuidados de saúde e as cidades inteligentes.

Além disso, a inteligência artificial (IA) e a aprendizagem automática (ML) estão a tornar-se componentes integrais dos serviços em nuvem, facilitando a análise avançada, a automatização e as capacidades de previsão. Os fornecedores de serviços de computação em nuvem estão a integrar cada vez mais ferramentas de IA/ML nas suas plataformas, permitindo que as empresas extraiam informações de grandes quantidades de dados e melhorem os processos de tomada de decisões.

Além disso, o aumento da computação sem servidor está a transformar a forma como as aplicações são desenvolvidas, implementadas e geridas na cloud. Ao abstrair a gestão da infraestrutura, a computação sem servidor permite que os programadores se concentrem na escrita de código, melhorando assim a produtividade e reduzindo as despesas gerais operacionais.

Além disso, o sector da computação em nuvem está a assistir à convergência da computação em nuvem com tecnologias emergentes, como a cadeia de blocos, a computação quântica e as redes 5G. Estas sinergias apresentam novas oportunidades de inovação e disrupção em vários sectores, incluindo finanças, telecomunicações e cibersegurança.

Em termos de intervenientes, os gigantes tradicionais da nuvem, como a Amazon Web Services (AWS), a Microsoft Azure e a Google Cloud, continuam a dominar o mercado com as suas vastas infra-estruturas e ofertas de serviços abrangentes. No entanto, uma nova vaga de concorrentes, incluindo a Alibaba Cloud, a IBM Cloud e a Oracle Cloud, está a ganhar força, tirando partido das suas forças e capacidades únicas para conquistar quota de mercado.

Além disso, os intervenientes de nicho e as startups estão a entrar na luta, especializando-se em áreas como a contentorização, DevOps, cibersegurança e soluções específicas do sector. Esses participantes trazem inovação e agilidade ao mercado, impulsionando a concorrência e pressionando os participantes estabelecidos a evoluir continuamente e diferenciar suas ofertas.

De um modo geral, o sector da computação em nuvem está a passar por uma rápida evolução, alimentada por tendências emergentes e por um ecossistema diversificado de intervenientes. Dado que as empresas dependem cada vez mais das tecnologias de computação em nuvem para impulsionar a transformação digital e a inovação, é provável que o panorama continue a evoluir, apresentando desafios e oportunidades tanto para os operadores históricos como para os recém-chegados ao sector.

Conclusão:

Em conclusão, o panorama dos fornecedores e das plataformas de computação em nuvem representa um ecossistema dinâmico que continua a evoluir e a moldar a infraestrutura digital das empresas e das indústrias em todo o mundo. Os principais intervenientes nesta área, incluindo a AWS, o Azure, o Google Cloud e outros, estabeleceram-se como líderes ao oferecerem uma vasta gama de serviços e soluções para satisfazer diversas necessidades. Através da inovação constante e do investimento em infra-estruturas, estes fornecedores permitiram às organizações tirar partido da escalabilidade, flexibilidade e rentabilidade da computação em nuvem.

Ao comparar plataformas de nuvem, as empresas devem avaliar cuidadosamente factores como o desempenho, a fiabilidade, a segurança e o preço para determinar a melhor opção para as suas necessidades. Cada plataforma oferece funcionalidades e recursos exclusivos, atendendo a diferentes casos de uso e preferências. Quer se trate do extenso catálogo de serviços do AWS, da integração perfeita do Azure com os produtos Microsoft ou das capacidades avançadas de aprendizagem automática do Google Cloud, as organizações têm uma grande variedade de opções por onde escolher.

No entanto, o sector da computação em nuvem não é estático, e as tendências e os intervenientes emergentes estão continuamente a remodelar o panorama competitivo. Os novos operadores e os fornecedores de nichos de mercado estão a introduzir tecnologias e serviços inovadores, desafiando o domínio dos gigantes tradicionais e impulsionando mais inovação e concorrência. Desde a computação periférica e as arquitecturas sem servidor até às soluções especializadas da indústria, estas tendências emergentes estão a alargar os limites do que é possível na nuvem.

À medida que as organizações navegam neste complexo ecossistema, é essencial manterem-se ágeis e adaptáveis, abraçando a mudança e aproveitando os últimos avanços para se manterem competitivas. Quer se trate de adotar estratégias multi-cloud para mitigar os riscos ou de aproveitar o poder das tecnologias emergentes, como a IA e a IoT, as empresas têm de se manter sintonizadas com a dinâmica do mercado e com a evolução das exigências dos clientes. Ao manterem-se informadas e proactivas, as organizações podem aproveitar todo o potencial da computação em nuvem para impulsionar a inovação, a agilidade e o crescimento na era digital.

Capítulo 4. Tecnologias de virtualização

Introdução:

As tecnologias de virtualização revolucionaram o panorama da computação, permitindo uma gestão eficiente dos recursos, escalabilidade e flexibilidade em vários domínios. Na sua essência, a virtualização separa os recursos de computação do hardware físico, permitindo que várias instâncias virtuais sejam executadas de forma independente numa única máquina física. Esta capacidade tem implicações profundas nas empresas, na infraestrutura de TI e até na computação pessoal.

Uma das formas mais proeminentes de virtualização é a virtualização de servidores, que divide um servidor físico em várias máquinas virtuais (VMs). Esta abordagem optimiza a utilização do servidor, reduz os custos de hardware e simplifica as tarefas de manutenção. Permite às empresas consolidar a sua infraestrutura de servidores, o que leva a poupanças significativas em termos de espaço, consumo de energia e despesas administrativas.

Do mesmo modo, a virtualização de ambientes de trabalho alarga as vantagens da virtualização aos ambientes informáticos do utilizador final. Com a virtualização do ambiente de trabalho, os utilizadores podem aceder aos seus ambientes de trabalho e aplicações a partir de qualquer lugar, utilizando qualquer dispositivo. Isto não só aumenta a mobilidade e a produtividade, como também reforça a segurança através da centralização do armazenamento de dados e do controlo de acesso.

A virtualização também desempenha um papel crucial na computação em nuvem, servindo como base para as ofertas de Infraestrutura como Serviço (IaaS). Os fornecedores de serviços em nuvem aproveitam a virtualização para fornecer acesso escalável e a pedido a recursos de computação, permitindo que as empresas implementem e escalem rapidamente aplicações sem a necessidade de investimentos iniciais em infra-estruturas. Este modelo democratizou o acesso a capacidades avançadas de TI, permitindo que organizações de todas as dimensões possam competir na economia digital.

Além disso, a virtualização da rede abstrai os componentes de rede, como switches, routers e firewalls, do hardware subjacente, permitindo configurações de rede dinâmicas e programáveis. Isto facilita o aprovisionamento rápido, melhora a agilidade da rede e permite funcionalidades avançadas como a segmentação e a microssegmentação da rede, melhorando a postura de segurança.

No domínio do armazenamento, as tecnologias de virtualização, como as redes de área de armazenamento (SAN) e o armazenamento ligado à rede (NAS), abstraem os recursos de armazenamento dos discos físicos, permitindo uma atribuição e gestão eficientes da capacidade de armazenamento. Isto permite funcionalidades como a desduplicação de dados, a captura de imagens e a replicação, melhorando a proteção de dados e as capacidades de recuperação de desastres.

A virtualização também se estende aos ambientes de aplicativos por meio de tecnologias de conteinerização como Docker e Kubernetes. Os contentores encapsulam as aplicações e as suas dependências, permitindo uma implementação consistente em diferentes ambientes. Esta abordagem melhora a portabilidade, a escalabilidade e a eficiência de recursos, tornando-a ideal para arquitecturas de microsserviços modernas.

Por último, as tecnologias de virtualização fizeram progressos significativos no domínio da computação de ponta, permitindo a implementação de infra-estruturas virtualizadas mais próximas dos utilizadores finais e dos dispositivos IoT. Isto melhora a latência, a eficiência da largura de banda e a privacidade dos dados, ao mesmo tempo que permite novos casos de utilização, como a análise em tempo real, a realidade aumentada e os sistemas autónomos.

Em resumo, as tecnologias de virtualização transformaram o cenário de TI, oferecendo níveis sem precedentes de flexibilidade, eficiência e agilidade em vários domínios, desde centros de dados a ambientes de ponta. À medida que as organizações continuam a adotar a transformação digital, a virtualização continuará a ser uma tecnologia fundamental, impulsionando a inovação e permitindo a próxima vaga de avanços tecnológicos.

4.1. Introdução à virtualização

A virtualização é uma tecnologia transformadora que revolucionou o cenário da infraestrutura de computação. Na sua essência, a virtualização envolve a criação de uma representação virtual de recursos informáticos, tais como servidores, dispositivos de armazenamento ou redes, abstraindo o hardware físico do software que nele é executado. Esta abstração permite a utilização eficiente dos recursos de hardware, conduzindo a uma maior flexibilidade, escalabilidade e eficácia de custos na gestão da infraestrutura de TI.

Um dos conceitos fundamentais da virtualização é o hipervisor, também conhecido como monitor de máquina virtual (VMM). O hipervisor situa-se entre o hardware físico e as máquinas virtuais (VMs), facilitando a criação, a gestão e a atribuição de recursos a várias VMs. Existem dois tipos principais de hipervisores: O tipo 1, que é executado diretamente no hardware bare-metal, e o tipo 2, que é executado como uma aplicação dentro de um sistema operativo anfitrião.

A virtualização oferece inúmeros benefícios a organizações de todas as dimensões. Permite a consolidação de servidores, onde vários servidores virtuais podem ser executados numa única máquina física, reduzindo os custos de hardware e o consumo de energia. Além disso, a virtualização permite o aprovisionamento rápido de novas máquinas virtuais, acelerando os tempos de implementação de aplicações e serviços. Esta agilidade é especialmente valiosa em ambientes dinâmicos, onde a escalabilidade e a capacidade de resposta são críticas.

Outra vantagem significativa da virtualização é o seu papel na recuperação de desastres e no planeamento da continuidade do negócio. Ao encapsular máquinas virtuais inteiras em ficheiros, as organizações podem facilmente replicar e mover VMs entre diferentes servidores físicos ou centros de dados, garantindo uma elevada disponibilidade e tolerância a falhas. Esta flexibilidade minimiza o tempo de inatividade e atenua o impacto de falhas de hardware ou desastres naturais.

Além disso, a virtualização facilita o teste e o desenvolvimento de aplicações de software em ambientes isolados. Os programadores podem criar várias VMs com diferentes configurações, sistemas operativos e pilhas de software, permitindo a realização de testes exaustivos sem afetar os sistemas de produção. Esta capacidade acelera o ciclo de vida do desenvolvimento de software e melhora a qualidade geral, identificando problemas numa fase inicial do processo.

Nos últimos anos, a virtualização expandiu-se para além da virtualização tradicional de servidores, abrangendo outras áreas, como a virtualização de ambientes de trabalho, a virtualização de redes e a virtualização de armazenamento. A virtualização de ambientes de trabalho, por exemplo, permite que os utilizadores acedam aos seus ambientes de trabalho a partir de qualquer dispositivo, melhorando a mobilidade e a produtividade. A virtualização de rede abstrai os recursos de rede do hardware subjacente, permitindo maior flexibilidade e escalabilidade no gerenciamento de rede.

Além disso, o aparecimento da computação em nuvem acelerou ainda mais a adoção de tecnologias de virtualização. Os fornecedores de serviços de computação em nuvem tiram partido da virtualização para fornecer aos clientes ofertas de infraestrutura como serviço (IaaS), plataforma como serviço (PaaS) e software como serviço (SaaS), permitindo o acesso a pedido a recursos informáticos sem necessidade de investimento de capital inicial.

Em conclusão, a virtualização tornou-se uma pedra angular da infraestrutura de TI moderna, oferecendo às organizações uma flexibilidade, eficiência e agilidade sem paralelo. Ao dissociar o software do hardware, a virtualização permite a utilização eficiente dos recursos, simplifica as tarefas de gestão e melhora a escalabilidade e a resiliência. À medida que a tecnologia continua a evoluir, a virtualização continuará a ser um componente vital para impulsionar a inovação e a transformação digital das empresas em todo o mundo.

4.2. Tipos de virtualização

A virtualização é uma tecnologia fundamental que revoluciona a forma como os recursos informáticos são geridos e utilizados. Permite a criação de instâncias virtuais de recursos informáticos, tais como servidores, dispositivos de armazenamento e redes, permitindo uma utilização mais eficiente dos recursos de hardware, uma melhor escalabilidade e uma maior flexibilidade. Existem vários tipos de virtualização, cada um servindo diferentes objectivos e satisfazendo necessidades específicas.

Virtualização de servidores: Este tipo de virtualização envolve a partição de um servidor físico em vários servidores virtuais, cada um executando o seu próprio sistema operativo e aplicações. A virtualização do servidor permite uma melhor utilização dos recursos, reduz os custos de hardware e facilita a gestão eficiente do servidor. As plataformas populares de virtualização de servidores incluem VMware vSphere, Microsoft Hyper-V e KVM.

Virtualização de armazenamento: A virtualização do armazenamento abstrai os dispositivos de armazenamento físico em pools de armazenamento lógico, que podem então ser alocados e gerenciados de forma mais eficiente. Permite funcionalidades como a desduplicação de dados, a captura de instantâneos e o aprovisionamento reduzido, melhorando a utilização do armazenamento e simplificando a sua gestão. Tecnologias como as Redes de Área de Armazenamento (SANs) e o Armazenamento Ligado à Rede (NAS) incorporam frequentemente capacidades de virtualização do armazenamento.

Virtualização de rede: A virtualização de rede separa os recursos de rede do hardware subjacente, permitindo que várias redes virtuais funcionem na mesma infraestrutura de rede física. Permite a criação de redes virtuais isoladas, cada uma com as suas próprias políticas e configurações, proporcionando maior segurança, escalabilidade e flexibilidade. A rede definida por software (SDN) e a virtualização de funções de rede (NFV) são tecnologias-chave na virtualização de redes.

Virtualização do ambiente de trabalho: A virtualização de ambientes de trabalho envolve o alojamento de ambientes de trabalho num servidor centralizado e a sua entrega a dispositivos de utilizadores finais através de uma rede. Permite a gestão centralizada de ambientes de trabalho, melhora a segurança ao manter os dados fora dos dispositivos dos utilizadores finais e facilita o acesso a ambientes de trabalho a partir de qualquer lugar e em qualquer dispositivo. Os tipos de virtualização de ambientes de trabalho incluem Infraestrutura de Ambiente de Trabalho Virtual (VDI), Serviços de Ambiente de Trabalho Remoto (RDS) e virtualização de aplicações.

Virtualização de aplicações: A virtualização de aplicações isola as aplicações do sistema operativo subjacente e de outras aplicações, permitindo que sejam executadas nos seus próprios ambientes virtuais. Esse isolamento melhora a compatibilidade, simplifica a implantação e o gerenciamento de aplicativos e aumenta a segurança, evitando conflitos entre aplicativos. As soluções populares de virtualização de aplicações incluem o Docker, o Microsoft App-V e o Citrix XenApp.

Virtualização de hardware: A virtualização de hardware, também conhecida como virtualização completa, envolve a virtualização de todo um sistema de computador físico, incluindo a CPU, a memória e os periféricos. Permite executar vários sistemas operativos em simultâneo no mesmo hardware, cada um na sua própria máquina virtual (VM). A virtualização de hardware é a base da maioria dos outros tipos de virtualização e é suportada por processadores com extensões de virtualização como Intel VT-x e AMD-V.

Virtualização de memória: A virtualização de memória abstrai os recursos de memória física em vários sistemas ou servidores, permitindo que eles sejam agrupados e alocados dinamicamente conforme necessário. Ela melhora a utilização da memória, facilita o balanceamento da carga de trabalho e melhora o desempenho do sistema ao reduzir a contenção de memória. A virtualização de memória é frequentemente usada em centros de dados de grande escala e ambientes de computação em nuvem.

Virtualização do sistema operacional: A virtualização do sistema operativo, também conhecida como contentorização, envolve a execução de várias instâncias isoladas do espaço do utilizador, chamadas contentores, num único kernel do sistema operativo. Os contêineres compartilham o mesmo kernel, mas são isolados de outra forma, fornecendo virtualização leve e eficiente com sobrecarga mínima. As plataformas de contentorização mais populares incluem o Docker, o Kubernetes e o LXC (Linux Containers).

Em conclusão, as tecnologias de virtualização desempenham um papel crucial nos ambientes informáticos modernos, oferecendo inúmeras vantagens, tais como uma melhor utilização dos recursos, escalabilidade, flexibilidade e segurança. Ao compreender os diferentes tipos de virtualização e os respectivos casos de utilização, as organizações podem tomar decisões informadas para otimizar a sua infraestrutura de TI e melhorar a sua eficiência e produtividade globais.

4.3. Virtualização na computação em nuvem

A virtualização na computação em nuvem surgiu como uma força transformadora, revolucionando o cenário da infraestrutura de TI e da prestação de serviços. Em sua essência, a virtualização é o processo de criação de uma versão virtual de um recurso ou dispositivo, como um servidor, um dispositivo de armazenamento ou uma rede, que permite que várias instâncias ou máquinas virtuais (VMs) sejam executadas em uma única máquina física. Essa tecnologia permite que os provedores de serviços de nuvem maximizem a utilização de recursos, melhorem a escalabilidade e aumentem a flexibilidade, minimizando os custos.

Um dos principais benefícios da virtualização na computação em nuvem é a utilização eficiente dos recursos de hardware. Ao abstrair o hardware físico em instâncias virtuais, os provedores de nuvem podem otimizar a alocação de recursos, garantindo que a capacidade de computação, o armazenamento e os recursos de rede sejam totalmente utilizados. Essa consolidação de recursos leva a uma maior eficiência e à redução do espaço ocupado pelo hardware, resultando, em última análise, em economia de custos tanto para os provedores quanto para os consumidores.

Além disso, a virtualização aumenta a escalabilidade ao permitir a atribuição dinâmica de recursos com base na procura. As plataformas de nuvem podem provisionar ou desprovisionar rapidamente instâncias virtuais em resposta a cargas de trabalho variáveis, garantindo que os aplicativos tenham acesso aos recursos necessários sem intervenção manual. Esta escalabilidade elástica é particularmente valiosa para as empresas com requisitos de recursos flutuantes, permitindo-lhes gerir eficientemente os picos de carga e otimizar a utilização dos recursos.

A virtualização também promove a flexibilidade e a agilidade em ambientes de computação em nuvem. Com a virtualização, os utilizadores podem facilmente migrar, clonar ou criar instantâneos de máquinas virtuais, permitindo a rápida implementação de novas aplicações e serviços. Essa flexibilidade permite que as organizações se adaptem rapidamente às necessidades comerciais em constante mudança, experimentem novas tecnologias e dimensionem sua infraestrutura com o mínimo de interrupção.

Além disso, a virtualização aumenta a segurança e o isolamento em ambientes de nuvem. Ao encapsular aplicativos e serviços em ambientes virtualizados, os provedores podem aplicar controles de acesso mais rígidos, isolar cargas de trabalho e minimizar o impacto de violações de segurança ou falhas de hardware. Esse isolamento ajuda a reduzir os riscos associados ao multilocatário e melhora a postura geral de segurança das implantações de nuvem.

Além disso, a virtualização simplifica a recuperação de desastres e o planeamento da continuidade do negócio. Através de funcionalidades como instantâneos de VM e migração em tempo real, as organizações podem replicar e recuperar cargas de trabalho virtualizadas de forma mais eficiente, minimizando o tempo de inatividade e a perda de dados em caso de desastre. Esta capacidade aumenta a resiliência e assegura a disponibilidade contínua de aplicações e serviços críticos.

A virtualização também facilita a consolidação e a otimização da carga de trabalho, permitindo às organizações atingir taxas de utilização de recursos mais elevadas e reduzir a expansão da infraestrutura. Ao consolidar várias cargas de trabalho num menor número de servidores físicos, as empresas podem simplificar a gestão, reduzir o consumo de energia e diminuir os custos operacionais. Esta consolidação também simplifica o planeamento da capacidade e a gestão de recursos, permitindo que as organizações optimizem os seus investimentos em infra-estruturas e se adaptem à evolução dos requisitos empresariais.

Em conclusão, a virtualização desempenha um papel central na evolução da computação em nuvem, impulsionando a eficiência, a escalabilidade, a flexibilidade e a segurança em ambientes de TI modernos. Ao abstrair os recursos físicos em instâncias virtuais, a virtualização permite que as organizações optimizem a utilização de recursos, aumentem a agilidade e melhorem a resiliência, desbloqueando novas oportunidades de inovação e crescimento na era digital.

Conclusão:

Em conclusão, as tecnologias de virtualização representam uma força transformadora no domínio da computação, oferecendo flexibilidade, escalabilidade e eficiência sem precedentes. Começando com uma introdução à virtualização, explorámos os seus princípios fundamentais e mecanismos subjacentes. Através da análise de vários tipos de virtualização, incluindo a virtualização de servidores, redes e armazenamento, testemunhámos o conjunto diversificado de aplicações e benefícios que esta tecnologia traz à infraestrutura de TI moderna.

A virtualização de servidores permite a consolidação de várias máquinas virtuais num único servidor físico, optimizando a utilização de recursos e reduzindo os custos de hardware. A virtualização de rede facilita a criação de redes virtuais, permitindo uma maior flexibilidade na configuração e gestão da rede. A virtualização do armazenamento abstrai os recursos de armazenamento físico, proporcionando uma gestão centralizada e uma maior mobilidade dos dados.

Além disso, a integração da virtualização na computação em nuvem revolucionou o fornecimento de serviços de TI, permitindo o acesso sob demanda a recursos de computação com níveis sem precedentes de agilidade e escalabilidade. A virtualização está no centro da infraestrutura de nuvem, capacitando as organizações a alocar recursos dinamicamente, implantar aplicativos rapidamente e responder com agilidade às demandas comerciais em constante mudança.

Além disso, as tecnologias de virtualização têm desempenhado um papel fundamental no aumento da resiliência e da segurança dos sistemas de TI. Através de caraterísticas como o isolamento, o encapsulamento e o "sandboxing", a virtualização atenua os riscos associados às vulnerabilidades do software e às falhas de hardware, protegendo os dados e as aplicações críticas de potenciais ameaças.

Para além dos seus méritos técnicos, a virtualização promove a sustentabilidade ambiental ao reduzir o consumo de energia e minimizar o desperdício de hardware. Ao consolidar as cargas de trabalho em menos servidores físicos e otimizar a utilização de recursos, a virtualização ajuda as organizações a obter reduções significativas no consumo de energia e nas emissões de carbono, contribuindo para uma infraestrutura de TI mais ecológica.

Olhando para o futuro, o futuro da virtualização promete inovação e evolução contínuas, impulsionadas por avanços na tecnologia de hardware, desenvolvimento de software e paradigmas emergentes, como computação de ponta e conteinerização. À medida que as organizações se esforçam para se adaptar a um cenário de negócios cada vez mais dinâmico e competitivo, a virtualização continuará a ser uma pedra angular da infraestrutura de TI moderna, capacitando as empresas a alcançar maior eficiência, agilidade e resiliência na era digital.

Capítulo 5. Gerenciando recursos de nuvem

Introdução:

No panorama digital atual, a gestão dos recursos da nuvem tornou-se fundamental para as organizações que pretendem prosperar num ambiente altamente competitivo. À medida que as empresas migram cada vez mais as suas operações para a nuvem, a necessidade de uma gestão eficaz destes recursos nunca foi tão crítica. No fundo, a gestão dos recursos da nuvem envolve a supervisão da atribuição, utilização e otimização da capacidade de computação, do armazenamento, da rede e dos serviços alojados em servidores remotos. Esta exploração introdutória aprofunda os princípios fundamentais e as melhores práticas essenciais para gerir eficazmente os recursos da nuvem.

Em primeiro lugar, é crucial compreender a diversidade de serviços de nuvem disponíveis. Quer se trate de Infraestrutura como um Serviço (IaaS), Plataforma como um Serviço (PaaS) ou Software como um Serviço (SaaS), cada um oferece vantagens distintas e requer abordagens de gestão adaptadas. Em segundo lugar, é essencial estabelecer uma governação e políticas claras para garantir a segurança, a conformidade e a rentabilidade. Ao definir funções, permissões e controlos de acesso, as organizações podem reduzir os riscos e manter a responsabilidade nos seus ambientes de nuvem.

Além disso, a monitorização eficaz dos recursos e a otimização do desempenho são componentes essenciais da gestão da nuvem. A utilização de ferramentas de monitorização robustas permite a visibilidade em tempo real da utilização de recursos, permitindo ajustes proactivos para satisfazer as exigências em mudança e evitar potenciais estrangulamentos. Além disso, a otimização dos recursos da nuvem envolve o redimensionamento de instâncias, a implementação de mecanismos de dimensionamento automático e a utilização de estratégias de gestão de custos para minimizar as despesas e maximizar o desempenho.

Além disso, a adoção da automação e da orquestração é imperativa para simplificar as operações e aumentar a agilidade. Ao automatizar tarefas de rotina, como provisionamento, implantação e dimensionamento, as organizações podem acelerar o tempo de colocação no mercado e melhorar a eficiência geral. Enquanto isso, as ferramentas de orquestração permitem a coordenação perfeita de fluxos de trabalho complexos em ambientes de nuvem distribuídos, facilitando a integração e a operação de diversos serviços e aplicativos.

Para além das considerações técnicas, é essencial promover uma cultura de colaboração e melhoria contínua. A comunicação e a colaboração eficazes entre equipas multifuncionais, incluindo programadores, pessoal de operações e de segurança, são vitais para alinhar as iniciativas de nuvem com os objectivos comerciais e impulsionar a inovação. Além disso, a adoção de uma cultura de experimentação e aprendizagem incentiva a exploração de novas tecnologias e metodologias, promovendo a resiliência e a adaptabilidade face a desafios em evolução.

Por fim, ficar a par das tendências emergentes e das práticas recomendadas em evolução é essencial para se manter competitivo no cenário dinâmico da nuvem. Com os avanços em áreas como conteinerização, computação sem servidor e computação de borda remodelando a forma como os recursos são gerenciados e utilizados, as organizações devem permanecer ágeis e com visão de futuro em sua abordagem ao gerenciamento da nuvem.

Em resumo, a gestão dos recursos da nuvem é um esforço multifacetado que requer uma combinação de conhecimentos técnicos, planeamento estratégico e alinhamento organizacional. Ao adotar uma abordagem holística que engloba a governação, a monitorização, a otimização, a automatização, a cultura e a inovação, as organizações podem desbloquear todo o potencial da nuvem e alcançar um sucesso sustentável na atual era digital.

5.1. Provisionamento e orquestração de recursos

No panorama dinâmico das infra-estruturas de TI modernas, a utilização da computação em nuvem tornou-se omnipresente, oferecendo uma escalabilidade, flexibilidade e eficiência sem paralelo. A gestão dos recursos da nuvem é fundamental para a utilização eficaz dos serviços de nuvem, uma tarefa multifacetada que engloba vários aspectos, como o aprovisionamento e a orquestração de recursos. O provisionamento de recursos refere-se ao processo de alocação e configuração de recursos de nuvem para atender às demandas de aplicativos e serviços. Isso envolve o provisionamento de máquinas virtuais, armazenamento, componentes de rede e outros recursos em resposta às mudanças nas cargas de trabalho e nos requisitos.

A orquestração, por outro lado, envolve a coordenação da implantação, configuração e gestão de vários recursos de nuvem para garantir uma operação perfeita e um desempenho ideal. Implica a automatização de fluxos de trabalho, a integração de sistemas díspares e a aplicação de políticas para simplificar os processos e aumentar a eficiência. Juntos, o provisionamento e a orquestração de recursos formam a pedra angular do gerenciamento de recursos da nuvem, permitindo que as organizações aproveitem todo o potencial da computação em nuvem, minimizando os custos e maximizando a agilidade.

No centro do aprovisionamento de recursos está a capacidade de atribuir dinamicamente recursos em tempo real com base na flutuação da procura. Isso requer algoritmos sofisticados e análises preditivas para antecipar os padrões de carga de trabalho e dimensionar os recursos de acordo. Além disso, o aprovisionamento de recursos envolve a seleção dos tipos de instância, opções de armazenamento e configurações de rede adequados para otimizar o desempenho e a rentabilidade. Ao automatizar o aprovisionamento de recursos, as organizações podem eliminar a intervenção manual, reduzir os tempos de aprovisionamento e melhorar a utilização geral dos recursos.

A orquestração complementa o aprovisionamento de recursos, fornecendo a estrutura para coordenar fluxos de trabalho complexos e automatizar tarefas de rotina. Isso inclui o provisionamento de recursos, a configuração de componentes de software, o gerenciamento de dependências e o tratamento de cenários de falha. Por meio da orquestração, as organizações podem obter maior consistência, confiabilidade e escalabilidade em seus ambientes de nuvem. Além disso, a orquestração permite a implementação de estratégias de implantação avançadas, como implantações blue-green, versões canárias e atualizações contínuas, facilitando as práticas de integração e entrega contínuas.

O gerenciamento eficaz dos recursos de nuvem exige uma abordagem holística que engloba o provisionamento e a orquestração de recursos. Ao integrar esses processos em uma estrutura unificada, as organizações podem otimizar a utilização de recursos, melhorar a agilidade e acelerar o tempo de colocação no mercado de seus aplicativos e serviços. Além disso, ao aproveitar as tecnologias nativas da nuvem e as práticas de DevOps, as organizações podem obter maior automação, resiliência e escalabilidade em seus ambientes de nuvem.

Em conclusão, o gerenciamento de recursos de nuvem por meio do provisionamento e da orquestração de recursos é essencial para as organizações que buscam aproveitar todo o potencial da computação em nuvem. Ao alocar recursos de forma dinâmica, automatizar fluxos de trabalho e orquestrar processos complexos, as organizações podem obter maior eficiência, agilidade e escalabilidade em seus ambientes de nuvem. Como a demanda por serviços em nuvem continua a crescer, dominar a arte do provisionamento e da orquestração de recursos será crucial para manter a competitividade na economia digital atual.

5.2. Automação e DevOps na nuvem

A gestão de recursos na nuvem, a automatização e o DevOps na nuvem são aspectos críticos da gestão moderna da infraestrutura de TI, especialmente na era da transformação digital e da adoção da nuvem. À medida que as organizações dependem cada vez mais de serviços em nuvem para hospedar seus aplicativos e dados, o gerenciamento eficiente se torna fundamental para garantir desempenho, escalabilidade e economia ideais.

Os recursos da nuvem englobam uma vasta gama de serviços, incluindo máquinas virtuais, armazenamento, bases de dados e componentes de rede, entre outros. A gestão eficaz destes recursos envolve o aprovisionamento, a configuração, a monitorização e a otimização dos mesmos para satisfazer os requisitos da organização. A automatização desempenha um papel central neste processo, permitindo a orquestração de fluxos de trabalho complexos e a eliminação de tarefas manuais, melhorando assim a eficiência e reduzindo o risco de erros.

Os princípios do DevOps complementam a automatização, promovendo a colaboração e a integração entre as equipas de desenvolvimento e de operações. Ao eliminar os silos e promover uma cultura de integração e entrega contínuas (CI/CD), as práticas de DevOps facilitam a implementação rápida e fiável de aplicações e actualizações no ambiente de nuvem. Esta abordagem aumenta a agilidade, permitindo que as organizações respondam rapidamente às necessidades comerciais e às exigências do mercado em constante mudança.

No contexto da gestão da nuvem, a automação e o DevOps sinergizam para simplificar todo o ciclo de vida de desenvolvimento de software (SDLC), desde o desenvolvimento e teste de código até à implementação e monitorização. A infraestrutura como código (IaC) é um facilitador essencial dessa abordagem, permitindo que a infraestrutura seja definida e gerenciada programaticamente usando código declarativo ou imperativo. Isto assegura a consistência, a repetibilidade e o controlo de versões, reduzindo o risco de desvios de configuração e facilitando a escalabilidade da infraestrutura.

Além disso, as práticas de automação e DevOps permitem que as organizações aproveitem os serviços e as tecnologias nativos da nuvem de forma eficaz. Ao aproveitar o poder das ofertas de plataforma como serviço (PaaS), como a computação sem servidor e a orquestração de contentores, as equipas podem criar e implementar aplicações de forma mais eficiente, abstraindo a complexidade da infraestrutura subjacente. Isto resulta num tempo de colocação no mercado mais rápido, menores despesas operacionais e maior potencial de inovação.

No entanto, o gerenciamento de recursos de nuvem, a automação e o DevOps na nuvem também apresentam desafios e considerações. A segurança e a conformidade são preocupações primordiais, exigindo recursos robustos de gerenciamento de identidade e acesso (IAM), criptografia e auditoria para proteger dados confidenciais e garantir a conformidade regulamentar. Além disso, as organizações devem gerir cuidadosamente os custos e a utilização de recursos para evitar gastos excessivos e otimizar eficazmente os seus investimentos na nuvem.

Em conclusão, o gerenciamento eficaz dos recursos da nuvem, a automação e as práticas de DevOps são essenciais para as organizações que buscam aproveitar todo o potencial da nuvem. Ao adotar uma abordagem holística que combina automação, princípios de DevOps e tecnologias nativas da nuvem, as empresas podem obter maior agilidade, escalabilidade e inovação, ao mesmo tempo em que reduzem os riscos e otimizam os custos.

5.3. Monitorização e otimização da infraestrutura de nuvem

No panorama digital atual, a utilização da computação em nuvem tornou-se omnipresente em todos os sectores, revolucionando a forma como as organizações gerem os seus recursos. A computação em nuvem oferece escalabilidade, flexibilidade e eficiência de custos sem paralelo, permitindo que as empresas acedam a recursos de computação a pedido sem a necessidade de um investimento inicial significativo em infra-estruturas de hardware. No entanto, a gestão eficaz dos recursos da nuvem é fundamental para aproveitar todo o potencial desta tecnologia. Um aspeto crítico desta gestão é a monitorização e a otimização da infraestrutura de nuvem, que garante que os recursos são utilizados de forma eficiente, mantendo o desempenho e a rentabilidade.

O monitoramento dos recursos da nuvem envolve o rastreamento de várias métricas, como o uso da CPU, a utilização da memória, o tráfego de rede e o desempenho do aplicativo em tempo real. Essa abordagem proativa permite que as organizações identifiquem possíveis gargalos, ameaças à segurança ou problemas de desempenho antes que eles aumentem, garantindo assim a prestação ininterrupta de serviços aos usuários finais. Além disso, a monitorização abrangente fornece informações valiosas sobre os padrões de utilização de recursos, permitindo a tomada de decisões informadas relativamente ao planeamento da capacidade, à atribuição de recursos e à otimização da carga de trabalho.

A otimização da infraestrutura de nuvem anda de mãos dadas com o monitoramento, pois envolve o ajuste fino da alocação e da configuração de recursos para maximizar o desempenho e minimizar os custos. Ao analisar os dados de monitorização e identificar oportunidades de otimização, as organizações podem dimensionar corretamente a sua infraestrutura, assegurando que não subutilizam nem sobreprovisionam recursos. Esta prática não só aumenta a eficiência operacional, como também optimiza a gestão de custos, eliminando despesas desnecessárias em recursos subutilizados.

Além disso, a otimização vai para além da atribuição de recursos, abrangendo a gestão da carga de trabalho, a afinação do desempenho das aplicações e a automatização de tarefas de rotina. Aproveitar as ferramentas de automação e as práticas de DevOps permite que as organizações simplifiquem os processos de implantação, melhorem a escalabilidade e aumentem a resiliência, minimizando a intervenção manual e o erro humano. Além disso, a implementação de mecanismos de auto-escalonamento e de algoritmos de equilíbrio da carga de trabalho assegura a atribuição dinâmica de recursos com base na procura, optimizando assim a utilização dos recursos e melhorando o desempenho do sistema.

A gestão eficaz dos recursos da nuvem requer uma estratégia abrangente que se alinhe com os objectivos organizacionais, os requisitos operacionais e as restrições orçamentais. Essa estratégia deve abranger o monitoramento contínuo, a otimização proativa e a revisão regular da infraestrutura de nuvem para se adaptar à evolução das necessidades comerciais e aos avanços tecnológicos. Além disso, a colaboração entre equipas multifuncionais, incluindo operações de TI, desenvolvimento e finanças, é essencial para garantir uma gestão holística dos recursos da nuvem e o alinhamento com os objectivos comerciais.

Em conclusão, o gerenciamento dos recursos da nuvem por meio do monitoramento e da otimização é essencial para maximizar os benefícios da computação em nuvem, minimizando os custos e garantindo o desempenho ideal. Ao adotar uma abordagem proativa para monitorar e aproveitar as técnicas de otimização, as organizações podem alcançar excelência operacional, agilidade e escalabilidade em seus ambientes de nuvem. Além disso, a melhoria contínua e a adaptação às necessidades em constante mudança são fundamentais para se manter à frente no dinâmico cenário digital atual.

Conclusão:

Em conclusão, a gestão eficaz dos recursos da nuvem é fundamental para garantir o desempenho ideal, a eficiência de custos e a fiabilidade em ambientes de computação em nuvem. Ao longo deste discurso, aprofundamos os principais aspectos do gerenciamento de recursos de nuvem, concentrando-nos particularmente no provisionamento e na orquestração de recursos, nas práticas de automação e DevOps e na importância de monitorar e otimizar a infraestrutura de nuvem.

O provisionamento e a orquestração de recursos desempenham um papel fundamental na simplificação da alocação e da utilização dos recursos da nuvem. Ao adotar modelos de provisionamento escalonáveis e aproveitar as ferramentas de orquestração, as organizações podem alocar recursos dinamicamente de acordo com a demanda, aumentando assim a agilidade e a utilização de recursos e minimizando os custos. A capacidade de provisionar recursos de forma eficiente é essencial para atender às cargas de trabalho flutuantes e manter os níveis de serviço, garantindo uma experiência de usuário perfeita.

As práticas de automatização e DevOps facilitam a rápida implementação e gestão dos recursos da nuvem, promovendo a colaboração entre as equipas de desenvolvimento e de operações. Através da automatização, as tarefas repetitivas podem ser simplificadas, reduzindo a intervenção manual e a probabilidade de erros. Ao adotar os princípios DevOps, como a integração contínua e a entrega contínua (CI/CD), as organizações podem acelerar os ciclos de desenvolvimento de software e melhorar a frequência de implementação, permitindo-lhes inovar e responder às exigências do mercado de forma mais eficaz.

Além disso, a monitorização e a otimização eficazes são imperativas para manter o desempenho, a segurança e a rentabilidade da infraestrutura de nuvem. O monitoramento contínuo permite que as organizações identifiquem possíveis problemas e gargalos de forma proativa, permitindo que ações de correção sejam tomadas em tempo hábil. Ao aproveitar as ferramentas de monitoramento e a análise, as organizações podem obter informações valiosas sobre os padrões de utilização de recursos, o que lhes permite otimizar a configuração da infraestrutura e dimensionar corretamente os recursos para atender aos requisitos de carga de trabalho, maximizando assim a eficiência e minimizando os custos.

Essencialmente, a gestão dos recursos da nuvem requer uma abordagem holística que engloba práticas de aprovisionamento, automatização e monitorização. Ao implementar estratégias robustas de gestão de recursos, as organizações podem aproveitar todo o potencial da computação em nuvem, mitigando os riscos e optimizando os custos. À medida que a tecnologia continua a evoluir, a capacidade de adaptar e otimizar os recursos da nuvem continuará a ser crucial para se manter competitivo na era digital. Com um planeamento cuidadoso, investimentos estratégicos e um compromisso com a melhoria contínua, as organizações podem navegar pelas complexidades da gestão de recursos na nuvem com confiança, garantindo um ambiente livre de pragas onde a eficiência e a inovação prosperam.

Capítulo 6. Estudos de caso e casos de utilização

Introdução:

A computação em nuvem revolucionou a forma como as empresas operam, oferecendo acesso escalável e a pedido a recursos de computação através da Internet. Desde startups a grandes empresas, organizações de vários sectores adoptaram a computação em nuvem para melhorar a eficiência, a flexibilidade e a rentabilidade das suas operações.

Um estudo de caso proeminente é o da Netflix, que migrou toda a sua infraestrutura para a nuvem para lidar com as suas enormes exigências de streaming. Ao tirar partido da Amazon Web Services (AWS), a Netflix ganhou agilidade para dimensionar os recursos com base na procura, o que resultou num melhor desempenho do streaming e em poupanças de custos. Do mesmo modo, a Airbnb utiliza serviços na nuvem para gerir a sua plataforma global, permitindo aos anfitriões listar as suas propriedades e aos hóspedes reservar alojamentos sem problemas.

Para além de alojar aplicações e armazenamento de dados, a computação em nuvem permite vários casos de utilização, como a recuperação de desastres, a análise de dados e a aprendizagem automática. Por exemplo, empresas como a Coca-Cola utilizam soluções de recuperação de desastres baseadas na nuvem para garantir a continuidade do negócio em caso de eventos imprevistos. As plataformas de análise de dados baseadas na nuvem, como o Google BigQuery e o Microsoft Azure Analytics, permitem que as organizações obtenham informações valiosas de grandes quantidades de dados em tempo real.

A adoção da computação em nuvem para vários casos de utilização oferece várias vantagens, incluindo escalabilidade, eficiência de custos e acessibilidade. Ao contrário da infraestrutura tradicional no local, os recursos da nuvem podem ser facilmente aumentados ou reduzidos com base na procura, permitindo às organizações otimizar os custos e evitar o aprovisionamento excessivo. Além disso, as soluções baseadas na nuvem oferecem maior acessibilidade, permitindo que os funcionários acedam a aplicações e dados a partir de qualquer lugar com uma ligação à Internet.

Apesar das suas inúmeras vantagens, a implementação de soluções de computação em nuvem tem os seus desafios. As preocupações com a segurança, os regulamentos de privacidade de dados e o bloqueio de fornecedores são algumas das principais considerações para as organizações que adoptam tecnologias de nuvem. A resolução destes desafios exige medidas de segurança robustas, estruturas de conformidade e uma seleção cuidadosa dos fornecedores para garantir a proteção dos dados e a conformidade regulamentar.

Olhando para o futuro, espera-se que as tecnologias emergentes, como a computação periférica e as arquitecturas sem servidor, moldem o futuro da computação em nuvem. A computação periférica aproxima os recursos de computação da fonte de dados, reduzindo a latência e permitindo o processamento em tempo real para aplicações como dispositivos IoT e veículos autónomos. Do mesmo modo, a computação sem servidor abstrai a infraestrutura subjacente, permitindo que os programadores se concentrem em escrever código sem gerir servidores, aumentando ainda mais a agilidade e a rentabilidade.

Em conclusão, os estudos de caso e os casos de utilização da computação em nuvem demonstram o impacto transformador das tecnologias de nuvem em vários sectores. Desde melhorar a escalabilidade e a eficiência de custos até permitir aplicações inovadoras, como a análise de dados e a aprendizagem automática, a nuvem continua a impulsionar a transformação digital e a inovação. À medida que as organizações navegam pelas complexidades da adoção da nuvem, a compreensão destes estudos de casos e casos de utilização pode fornecer informações valiosas para aproveitar eficazmente a computação em nuvem nas suas operações.

6.1. Adoção da nuvem nas empresas

A adoção da nuvem nas empresas tornou-se mais do que uma mera tendência; é um imperativo estratégico para se manterem competitivas no atual panorama digital. As vantagens da migração para a nuvem são inúmeras, desde o aumento da flexibilidade e da escalabilidade até à melhoria da colaboração e da eficiência de custos. Como resultado, empresas de todas as dimensões estão a adotar as tecnologias de nuvem a um ritmo sem precedentes.

Um dos principais factores subjacentes à adoção generalizada da computação em nuvem é a sua capacidade de facilitar o trabalho remoto e permitir uma colaboração perfeita entre equipas espalhadas por diferentes locais. Ao utilizar ferramentas de produtividade e plataformas de comunicação baseadas na nuvem, os funcionários podem aceder a dados e aplicações a partir de qualquer lugar com uma ligação à Internet, quebrando as barreiras geográficas tradicionais e promovendo uma força de trabalho mais ágil e conectada.

Além disso, a computação em nuvem oferece uma escalabilidade sem paralelo, permitindo que as empresas aumentem ou diminuam rapidamente a sua infraestrutura em resposta à flutuação da procura. Esta elasticidade não só garante um desempenho e uma utilização de recursos óptimos, como também permite que as organizações se adaptem rapidamente às condições de mercado e às necessidades dos clientes em constante mudança, sem incorrer em custos gerais significativos.

Para além da escalabilidade, a adoção da nuvem permite que as empresas obtenham poupanças de custos ao passarem de um modelo de despesas de capital intensivo para um modelo de despesas operacionais. Ao subcontratar a gestão e a manutenção da infraestrutura a fornecedores de serviços na nuvem, as empresas podem reduzir os investimentos iniciais em hardware e software, bem como as despesas correntes relacionadas com a manutenção, as actualizações e o consumo de energia.

Além disso, a nuvem fornece uma plataforma para inovação, permitindo que as empresas experimentem novas tecnologias e serviços sem as restrições da infraestrutura de TI tradicional. Desde a inteligência artificial e a aprendizagem automática até à Internet das Coisas (IoT) e às cadeias de blocos, a nuvem oferece um ambiente escalável e flexível para desenvolver e implementar soluções de ponta que impulsionam o crescimento e a diferenciação da empresa.

A segurança é outro aspeto crítico da adoção da nuvem, e as plataformas de nuvem modernas oferecem funcionalidades de segurança robustas e certificações de conformidade para proteger dados sensíveis e atenuar as ciberameaças. Ao estabelecerem parcerias com fornecedores de nuvens reputados e implementarem as melhores práticas do sector, as empresas podem melhorar a sua postura de segurança e garantir a conformidade regulamentar, criando assim confiança junto dos clientes e das partes interessadas.

Além disso, a nuvem permite que as empresas aproveitem a análise de dados e as ferramentas de business intelligence para obter informações acionáveis a partir de grandes quantidades de dados estruturados e não estruturados. Ao centralizar o armazenamento e o processamento de dados na nuvem, as organizações podem desbloquear informações valiosas que conduzem a uma tomada de decisões informada e alimentam a inovação empresarial.

Por fim, a adoção da cloud promove uma cultura de melhoria contínua e agilidade, permitindo às empresas iterar rapidamente, experimentar novas ideias e reagir em resposta ao feedback do mercado. Ao adotar práticas de desenvolvimento nativas da nuvem, como o DevOps e a arquitetura de microsserviços, as organizações podem acelerar o ritmo da inovação e fornecer valor aos clientes mais rapidamente do que nunca.

Em conclusão, a adoção da nuvem é mais do que apenas uma iniciativa tecnológica; é um imperativo estratégico para as empresas que procuram prosperar na era digital. Ao adoptarem a nuvem, as organizações podem obter uma infinidade de benefícios, incluindo maior flexibilidade, escalabilidade, eficiência de custos, segurança, inovação e agilidade. À medida que as tecnologias de nuvem continuam a evoluir e a amadurecer, as empresas que adoptarem a nuvem estarão mais bem posicionadas para navegar na incerteza, impulsionar o crescimento e manter uma vantagem competitiva num mercado cada vez mais interligado e dinâmico.

6.2. Aplicação nativa da nuvem e microsserviços

Os aplicativos nativos da nuvem e os microsserviços surgiram como paradigmas essenciais no desenvolvimento de software moderno, oferecendo escalabilidade, flexibilidade e resiliência sem precedentes. Na sua essência, os aplicativos nativos da nuvem são projetados para aproveitar a natureza dinâmica dos ambientes de computação em nuvem, permitindo a implantação, o gerenciamento e o dimensionamento contínuos de componentes de software. Os microsserviços, por outro lado, representam uma abordagem arquitetónica em que uma aplicação é composta por serviços pouco acoplados e implementáveis de forma independente, cada um servindo uma função comercial específica. Juntos, formam uma combinação potente que está a remodelar o panorama do software.

Uma das principais vantagens dos aplicativos e microsserviços nativos da nuvem é sua capacidade de desacoplar a infraestrutura da lógica do aplicativo. Ao utilizar tecnologias de contentorização como o Docker e plataformas de orquestração como o Kubernetes, os programadores podem empacotar as suas aplicações em unidades leves e portáteis que podem ser implementadas de forma consistente em vários ambientes de cloud. Esta dissociação promove a agilidade, permitindo às equipas iterar rapidamente, implementar actualizações sem problemas e escalar horizontalmente à medida que a procura flutua.

Além disso, as arquitecturas nativas da nuvem promovem inerentemente a resiliência e a tolerância a falhas. Os microsserviços, com as suas unidades de implantação independentes, permitem uma degradação graciosa em caso de falhas no serviço, evitando interrupções em todo o sistema. Combinadas com mecanismos automatizados de escalonamento e auto-regeneração fornecidos pelas plataformas de nuvem, as aplicações podem adaptar-se dinamicamente a condições variáveis, garantindo uma disponibilidade contínua e um desempenho ótimo.

Outro benefício significativo é a utilização melhorada de recursos e a eficiência de custos. Com os microsserviços, as organizações podem alocar recursos precisamente onde necessário, evitando o provisionamento excessivo e reduzindo os custos de infraestrutura. Além disso, os princípios nativos da nuvem incentivam o uso de modelos de computação sem servidor, otimizando ainda mais o consumo de recursos ao dimensionar automaticamente os recursos em resposta à demanda e cobrando apenas pelo uso real.

Além disso, as arquitecturas nativas da nuvem facilitam uma maior produtividade e colaboração dos programadores. Ao dividir as aplicações monolíticas em componentes mais pequenos e geríveis, as equipas podem trabalhar de forma independente em serviços específicos, acelerando os ciclos de desenvolvimento e promovendo a inovação. Além disso, as ferramentas padronizadas de implantação e monitoramento fornecidas pelas plataformas de nuvem simplificam o fluxo de trabalho de desenvolvimento, permitindo a integração perfeita e práticas de entrega contínua.

A segurança também é uma consideração importante em ambientes nativos da nuvem. Embora a natureza distribuída dos microsserviços introduza novos vetores de ataque, as práticas de segurança nativas da nuvem enfatizam princípios como acesso com privilégios mínimos, criptografia e deteção automatizada de ameaças para reduzir os riscos. Além disso, os provedores de nuvem oferecem uma ampla variedade de serviços de segurança e certificações de conformidade, capacitando as organizações a criar e operar aplicativos seguros na nuvem.

Além disso, a escalabilidade e a elasticidade das arquitecturas nativas da cloud tornam-nas adequadas para aplicações modernas e intensivas em dados. Ao aproveitar tecnologias como o

Apache Kafka para streaming de eventos e o Apache Spark para análise em tempo real, as organizações podem criar aplicativos altamente responsivos e orientados por dados, capazes de processar grandes quantidades de dados em escala. Isto permite que as empresas obtenham informações valiosas, tomem decisões informadas e forneçam experiências personalizadas aos utilizadores em tempo real.

Em conclusão, as aplicações nativas da nuvem e os microsserviços representam uma abordagem transformadora para o desenvolvimento de software, permitindo que as organizações inovem mais rapidamente, escalem de forma eficiente e forneçam valor aos clientes de forma mais eficaz. Ao adotar os princípios nativos da nuvem e aproveitar os recursos das plataformas de nuvem modernas, as empresas podem permanecer competitivas no cenário digital acelerado de hoje.

6.3. Exemplos reais de implementações bem-sucedidas na nuvem

A computação em nuvem revolucionou a forma como as empresas operam, fornecendo soluções escaláveis e económicas a vários sectores. Aqui estão oito exemplos reais de implementações de nuvem bem-sucedidas:

Netflix: O gigante do streaming depende fortemente da computação em nuvem para fornecer conteúdos a milhões de utilizadores em todo o mundo. Ao tirar partido da Amazon Web Services (AWS), a Netflix pode escalar a sua infraestrutura com base na procura, garantindo experiências de streaming perfeitas para os utilizadores e optimizando os custos.

Airbnb: como uma plataforma que liga viajantes a anfitriões, a Airbnb utiliza tecnologia de nuvem para gerir a sua vasta base de dados de anúncios, reservas e transacções. Ao utilizar serviços na nuvem como o Amazon EC2 e o DynamoDB, a Airbnb pode lidar eficazmente com picos de tráfego durante as épocas de pico de reservas, mantendo uma elevada disponibilidade.

Salesforce: Esta plataforma de gestão das relações com os clientes (CRM) é totalmente baseada na nuvem, permitindo às empresas gerir os seus processos de vendas, marketing e apoio ao cliente a partir de qualquer lugar. A infraestrutura de nuvem da Salesforce garante a segurança dos dados, a escalabilidade e a flexibilidade para os seus clientes.

Laboratório de Propulsão a Jato da NASA (JPL): O JPL utiliza a computação em nuvem para processar e analisar grandes quantidades de dados coletados em missões espaciais. Ao estabelecer uma parceria com o Google Cloud Platform (GCP), o JPL pode armazenar, gerir e analisar dados de exploração espacial de forma mais eficiente, permitindo descobertas inovadoras.

GE Healthcare: A tecnologia de nuvem transformou os cuidados de saúde ao fornecer plataformas seguras e acessíveis para gerir dados de pacientes e imagens médicas. As soluções de nuvem da GE Healthcare permitem que os prestadores de cuidados de saúde armazenem, partilhem e analisem informações médicas de forma segura, melhorando os cuidados prestados aos pacientes e os resultados da investigação.

Capital One: Esta empresa de serviços financeiros adoptou a computação em nuvem para melhorar os seus serviços bancários digitais e capacidades de análise de dados. Ao migrar sua infraestrutura para a nuvem, a Capital One pode inovar mais rapidamente, oferecer experiências bancárias personalizadas e fortalecer as medidas de segurança.

Snap Inc. (Snapchat): O Snapchat depende da infraestrutura de nuvem fornecida pelo Google Cloud Platform para suportar a sua aplicação de mensagens e de partilha de multimédia. Ao tirar partido da escalabilidade e fiabilidade da GCP, o Snapchat consegue lidar com milhões de utilizadores activos diários e introduzir continuamente novas funcionalidades na sua plataforma.

Workday: Como fornecedor de software financeiro e de recursos humanos baseado na nuvem, a Workday ajuda as organizações a otimizar as suas operações e a melhorar a gestão da força de trabalho. Ao alojar as suas aplicações na nuvem, a Workday oferece às empresas soluções escaláveis que se podem adaptar às suas necessidades em evolução sem investimentos dispendiosos em infra-estruturas.

Conclusão:

Em conclusão, a exploração de estudos de caso e casos de utilização na adoção da nuvem nas empresas, o desenvolvimento de aplicações e microsserviços nativos da nuvem e exemplos reais de implementações bem-sucedidas da nuvem sublinham o poder transformador da tecnologia da nuvem nos cenários empresariais modernos. Nestes domínios, surge um tema predominante: a integração estratégica de soluções na nuvem não é apenas uma atualização técnica, mas uma mudança fundamental nos paradigmas organizacionais no sentido da agilidade, escalabilidade e inovação.

Em primeiro lugar, a análise da adoção da nuvem nas empresas revela uma narrativa diferenciada da transformação digital. Através de estudos de caso, testemunhamos como as organizações enfrentam desafios como a integração de sistemas antigos, preocupações com a segurança e resistência cultural. No entanto, as implementações bem-sucedidas destacam os imensos benefícios obtidos, incluindo a otimização dos custos, o aumento da flexibilidade e a aceleração do tempo de colocação no mercado. Esses casos ilustram que, embora a jornada para a maturidade da nuvem possa ser complexa, as recompensas são substanciais para aqueles que a navegam estrategicamente.

Em segundo lugar, a evolução para aplicações nativas da nuvem e microsserviços representa uma mudança fundamental nas metodologias de desenvolvimento de software. Ao dissecar casos de utilização, descobrimos como as empresas aproveitam a contentorização, a orquestração e as práticas DevOps para simplificar os ciclos de desenvolvimento e melhorar a fiabilidade do serviço. A transição para arquiteturas nativas da nuvem permite que as organizações respondam rapidamente às demandas do mercado, experimentem novos recursos e escalem sem esforço - uma prova do potencial transformador dos princípios modernos de design de aplicativos.

Por último, exemplos reais de implementações bem-sucedidas da nuvem oferecem provas tangíveis do impacto da tecnologia de nuvem em diversos sectores. Desde gigantes do comércio eletrónico a prestadores de cuidados de saúde, as empresas demonstram como as soluções na nuvem lhes permitem inovar rapidamente, desbloquear novos fluxos de receitas e proporcionar experiências excepcionais aos clientes. Estes estudos de caso servem como faróis de inspiração para as organizações que embarcam na sua jornada na nuvem, mostrando as possibilidades quando a tecnologia se alinha perfeitamente com os objectivos empresariais.

Em essência, os estudos de caso e os casos de uso examinados neste discurso pintam um quadro vívido das profundas implicações da tecnologia de nuvem na formação do futuro da TI empresarial. À medida que reflectimos sobre os percursos das organizações pioneiras, torna-se evidente que o caminho para a excelência da nuvem é pavimentado com visão estratégica, liderança colaborativa e uma procura incessante de inovação. Ao adotar as lições aprendidas com estas experiências, as empresas podem aproveitar todo o potencial da nuvem para prosperar num ecossistema digital em constante evolução, sem as amarras da infraestrutura de TI tradicional. Assim, embora os desafios possam abundar, a promessa de um cenário livre de pragas, caracterizado pela resiliência, agilidade e oportunidades ilimitadas, acena aos que forem suficientemente ousados para a aproveitar.

Capítulo 7: Tendências e inovações futuras

Introdução:

A computação em nuvem tem registado uma evolução notável desde o seu início, transformando o panorama da tecnologia da informação. Do armazenamento básico de dados a tarefas computacionais complexas, a nuvem tornou-se parte integrante das empresas e indústrias modernas. Olhando para o futuro, várias tendências e inovações estão preparadas para moldar o futuro da computação em nuvem, levando a eficiência, a escalabilidade e a segurança a novos patamares.

Uma tendência proeminente é a integração da computação periférica com a infraestrutura de nuvem. A computação periférica aproxima a computação e o armazenamento de dados do local onde são necessários, reduzindo a latência e permitindo o processamento em tempo real. Os fornecedores de serviços de computação em nuvem estão a incorporar cada vez mais capacidades de computação periférica nos seus serviços, facilitando aplicações mais rápidas e com maior capacidade de resposta, especialmente em implementações da IoT (Internet das Coisas).

O advento da computação quântica apresenta oportunidades e desafios para a computação em nuvem. A computação quântica tem o potencial de revolucionar o processamento de dados, efectuando cálculos complexos a velocidades sem precedentes. Os fornecedores de serviços de computação em nuvem estão a explorar formas de integrar capacidades de computação quântica nas suas plataformas, oferecendo quantum-as-a-service aos utilizadores para a resolução de problemas de computação intensiva.

As arquitecturas multi-nuvem e de nuvem híbrida estão a tornar-se a norma, uma vez que as organizações procuram tirar partido dos pontos fortes de vários fornecedores de nuvem, ao mesmo tempo que atenuam a dependência do fornecedor e asseguram a redundância. As inovações futuras na computação em nuvem se concentrarão na integração e no gerenciamento contínuos de recursos em diversos ambientes de nuvem, permitindo flexibilidade, escalabilidade e otimização de custos.

A automação e a orquestração orientadas por IA estão prontas para revolucionar o gerenciamento de nuvem, permitindo infraestruturas de nuvem auto-otimizadas e auto-curativas. Os algoritmos de aprendizagem automática analisarão grandes quantidades de dados para otimizar a alocação de recursos, detetar anomalias e corrigir problemas automaticamente, melhorando o desempenho e a fiabilidade e reduzindo as despesas operacionais.

Com o aumento da complexidade e do volume das ciberameaças, a segurança na nuvem continua a ser uma prioridade máxima para as organizações. As futuras inovações na computação em nuvem centrar-se-ão no reforço das medidas de segurança, incluindo técnicas avançadas de encriptação, arquitecturas de confiança zero e sistemas de deteção de ameaças baseados em IA. Além disso, a conformidade com regulamentos como o GDPR (Regulamento Geral sobre a Proteção de Dados) e o CCPA (Lei da Privacidade do Consumidor da Califórnia) impulsionará a adoção de tecnologias de melhoria da privacidade nas plataformas de nuvem.

A computação sem servidor e o Function-as-a-Service (FaaS) estão a ganhar força à medida que os programadores procuram formas mais eficientes de criar e implementar aplicações. Estes paradigmas abstraem a infraestrutura subjacente, permitindo que os programadores se concentrem apenas na escrita de código. As inovações futuras irão melhorar a escalabilidade, o desempenho e a facilidade de utilização das plataformas sem servidor, permitindo aos programadores criar aplicações altamente escaláveis e económicas.

À medida que as preocupações com a sustentabilidade ambiental aumentam, os fornecedores de serviços de computação em nuvem estão a concentrar-se cada vez mais em iniciativas de computação ecológica. As inovações futuras darão prioridade a centros de dados eficientes em termos energéticos, fontes de energia renováveis e estratégias de redução da pegada de carbono. Além disso, os avanços no design de hardware e nas tecnologias de arrefecimento irão melhorar ainda mais a eficiência energética da infraestrutura de nuvem, alinhando-se com os esforços globais para combater as alterações climáticas.

7.1. Computação de ponta e integrações de ponta

A computação de ponta, um paradigma que aproxima a computação e o armazenamento de dados do local onde são necessários, tornou-se cada vez mais importante num mundo em que o processamento de dados em tempo real e as aplicações de baixa latência são fundamentais. Em sua essência, a computação de borda minimiza a latência e o uso da largura de banda ao processar dados mais próximos da fonte, reduzindo a necessidade de transmitir dados para servidores centralizados. Isto é particularmente vantajoso em cenários onde é necessária uma ação imediata, como na automação industrial, veículos autónomos e cidades inteligentes.

Uma das principais vantagens da computação periférica é a sua capacidade de suportar aplicações que requerem processamento e análise de dados em tempo real. Ao implementar recursos de computação mais perto do local onde os dados são gerados, a computação periférica permite uma tomada de decisões e tempos de resposta mais rápidos. Por exemplo, no contexto dos veículos autónomos, a computação periférica pode processar dados de sensores em tempo real para tomar decisões em fracções de segundo, melhorando a segurança e o desempenho.

Além disso, a computação periférica pode melhorar a privacidade e a segurança dos dados ao processar informações sensíveis localmente, sem as transmitir a longas distâncias para centros de dados centralizados. Isso é particularmente importante em setores como saúde e finanças, onde regulamentações rígidas regem o manuseio de dados confidenciais. Ao manter os dados mais próximos da sua fonte e minimizar a distância que percorrem, a computação periférica reduz o risco de violações de dados e de acesso não autorizado.

Para além de melhorar a latência, a segurança e a privacidade, a computação periférica tem também o potencial de reduzir o congestionamento da rede e a utilização da largura de banda. Ao processar dados localmente e apenas transmitir informações relevantes para servidores centralizados, a computação periférica pode aliviar a pressão sobre a infraestrutura de rede, particularmente em ambientes com largura de banda limitada ou conetividade não fiável. Isto é especialmente benéfico em locais remotos ou em situações em que a largura de banda da rede é cara ou escassa.

Além disso, a computação periférica permite novas oportunidades de inovação e otimização empresarial ao possibilitar a implementação de aplicações e serviços em ambientes distribuídos. Por exemplo, no domínio da Internet das Coisas (IoT), a computação periférica permite a gestão e o processamento eficientes de grandes quantidades de dados de sensores gerados por dispositivos ligados, conduzindo a conhecimentos que podem conduzir a eficiências operacionais e a poupanças de custos.

Além disso, a computação periférica pode facilitar a integração perfeita com a infraestrutura de TI e os serviços de nuvem existentes, permitindo que as organizações aproveitem os seus investimentos em computação em nuvem e, ao mesmo tempo, alarguem as suas capacidades à periferia. Ao adotar uma abordagem híbrida que combina a computação periférica com os recursos da nuvem, as organizações podem obter o melhor dos dois mundos - a escalabilidade e a flexibilidade da nuvem, combinadas com a baixa latência e as capacidades de processamento em tempo real da computação periférica.

Em conclusão, a computação periférica oferece uma solução convincente para os desafios colocados pelo crescente volume e velocidade dos dados no atual panorama digital. Ao aproximar a computação da fonte de dados, a computação periférica permite uma tomada de decisões mais rápida, melhora a privacidade e a segurança dos dados, reduz o congestionamento da rede e abre novas oportunidades de inovação e otimização do negócio. À medida que as organizações continuam a adotar a transformação digital, a computação periférica está preparada para desempenhar um papel cada vez mais importante na viabilização da próxima vaga de avanços tecnológicos.

7.2. Computação sem servidor e função como serviço

A computação sem servidor e o Function-as-a-Service (FaaS) representam paradigmas transformadores no domínio da computação em nuvem, revolucionando a forma como as aplicações são desenvolvidas, implantadas e escalonadas. Na sua essência, a computação sem servidor abstrai as tarefas de gestão da infraestrutura, permitindo que os programadores se concentrem apenas na escrita de código para implementar a lógica empresarial. Nesse modelo, os desenvolvedores são liberados da carga de provisionamento, dimensionamento e manutenção de servidores, permitindo que eles iterem mais rapidamente e forneçam valor com mais eficiência.

Function-as-a-Service (FaaS) é um componente-chave da computação sem servidor, oferecendo uma abordagem granular para a execução de código em resposta a eventos. Com o FaaS, os programadores escrevem funções discretas que são acionadas por eventos específicos, como pedidos HTTP, alterações na base de dados ou carregamentos de ficheiros. Estas funções são sem estado e efémeras, o que significa que são invocadas, executadas e terminam em milissegundos, escalando automaticamente para lidar com cargas de trabalho variáveis.

Um dos principais benefícios da computação sem servidor e da FaaS é a eficiência de custos. Com os modelos tradicionais de computação em nuvem, os usuários geralmente pagam por recursos provisionados, independentemente de eles serem usados ativamente. Em contrapartida, as plataformas sem servidor cobram com base no uso real, alinhando os custos mais de perto com a demanda do aplicativo. Esse modelo de pagamento por execução elimina a necessidade de planejamento de capacidade e reduz os custos indiretos, tornando a computação sem servidor uma opção atraente para organizações que buscam otimizar seus gastos com nuvem.

Além disso, as arquitecturas sem servidor promovem a escalabilidade e a resiliência desde a conceção. Uma vez que as funções não têm estado e são independentes, podem ser invocadas em paralelo para lidar com picos súbitos de tráfego, aumentando ou diminuindo automaticamente com base nas exigências da carga de trabalho. Essa elasticidade garante um desempenho consistente em condições variáveis e reduz o risco de falhas na infraestrutura, pois as plataformas sem servidor lidam com o gerenciamento da infraestrutura subjacente de forma transparente.

Outra vantagem da computação sem servidor é a sua simplicidade inerente e a produtividade do programador. Ao abstrair as preocupações com a infraestrutura, os programadores podem concentrar-se na escrita de funções modulares e reutilizáveis que implementam uma lógica empresarial específica. Esta abstração promove uma arquitetura de microsserviços, em que as aplicações são compostas por componentes pouco acoplados que podem ser desenvolvidos, testados e implementados de forma independente, acelerando o ciclo de vida do desenvolvimento de software.

Além disso, a computação sem servidor facilita a prototipagem e a experimentação rápidas, permitindo que os desenvolvedores iterem rapidamente nas ideias e coloquem os produtos no mercado mais rapidamente. Com escalabilidade instantânea e despesas operacionais mínimas, as equipes podem implantar novos recursos com confiança, sabendo que a infraestrutura subjacente se adaptará perfeitamente às demandas em constante mudança.

A segurança também é uma consideração importante na computação sem servidor. Embora as plataformas sem servidor tratem de muitos aspetos da segurança, como a gestão de patches e o controlo de acesso, os programadores devem ainda aderir às melhores práticas para proteger o seu código e gerir dados sensíveis. Além disso, as organizações devem implementar mecanismos robustos de monitorização e registo para detetar e responder a incidentes de segurança de forma eficaz.

Em conclusão, a computação sem servidor e o Function-as-a-Service representam uma mudança de paradigma na computação em nuvem, oferecendo agilidade, escalabilidade e eficiência de custos incomparáveis. Ao abstrair as tarefas de gestão da infraestrutura e permitir a execução granular do código, as plataformas sem servidor permitem que os programadores se concentrem na inovação e na entrega de valor aos seus clientes. À medida que a adoção continua a crescer, a computação sem servidor está pronta para remodelar o cenário do desenvolvimento de software e acelerar o ritmo da transformação digital em todos os setores.

7.3. Computação quântica e suas implicações para a computação em nuvem

A computação quântica representa uma mudança de paradigma na tecnologia de computação, aproveitando os princípios da mecânica quântica para efetuar cálculos que estão para além das capacidades dos computadores clássicos. Ao contrário dos computadores clássicos, que processam dados em bits binários (0s e 1s), os computadores quânticos utilizam bits quânticos, ou qubits, que podem existir em múltiplos estados simultaneamente através de um fenómeno chamado sobreposição. Este facto permite que os computadores quânticos processem grandes quantidades de dados e efectuem cálculos complexos de forma exponencialmente mais rápida do que os computadores clássicos.

As implicações da computação quântica para a tecnologia de computação em nuvem são profundas. Um dos impactos mais significativos é no domínio da criptografia. Os computadores quânticos têm o potencial de quebrar muitos dos algoritmos de encriptação que atualmente protegem os dados na nuvem, como o RSA e o ECC. Como os computadores quânticos podem fatorizar eficientemente grandes números, o que constitui a base de muitos esquemas de encriptação, a segurança dos dados transmitidos e armazenados na nuvem pode ficar comprometida.

No entanto, a computação quântica também oferece oportunidades para melhorar as capacidades de computação em nuvem. Os algoritmos quânticos podem otimizar tarefas como a análise de dados, a aprendizagem automática e os problemas de otimização. Os fornecedores de serviços de computação em nuvem podem tirar partido da computação quântica para oferecer soluções mais eficientes e poderosas aos seus clientes. Por exemplo, os algoritmos de aprendizagem automática melhorados pelo quantum podem levar a previsões e conhecimentos mais exactos a partir de vastos conjuntos de dados armazenados na nuvem.

Outra implicação da computação quântica para a nuvem é no domínio da simulação. Os computadores quânticos são excelentes na simulação de sistemas quânticos, que são notoriamente difíceis de modelar com exatidão pelos computadores clássicos. As plataformas de computação em nuvem poderiam oferecer serviços de simulação quântica, permitindo aos investigadores e cientistas simular estruturas moleculares, reacções químicas e materiais com um nível de pormenor que era anteriormente inatingível.

Além disso, a computação quântica poderá revolucionar a forma como os dados são processados e armazenados na nuvem. O armazenamento quântico de dados promete densidades de armazenamento e velocidades de recuperação de dados sem precedentes. O armazenamento quântico em nuvem poderá permitir o armazenamento seguro de grandes quantidades de dados e o seu acesso instantâneo, transformando a forma como armazenamos e gerimos a informação na era digital.

No entanto, a adoção generalizada da computação quântica na nuvem ainda está a dar os primeiros passos. Continuam a existir desafios significativos, incluindo o desenvolvimento de hardware quântico escalável, técnicas de correção de erros e a integração de sistemas quânticos e clássicos. Além disso, a computação quântica requer conhecimentos especializados e infra-estruturas, o que pode limitar a sua acessibilidade e adoção na indústria da computação em nuvem.

Apesar destes desafios, o potencial da computação quântica para revolucionar a tecnologia de computação em nuvem é inegável. À medida que a investigação e o desenvolvimento da computação quântica continuam a avançar, é de esperar o aparecimento de serviços de computação em nuvem cada vez mais sofisticados e melhorados, oferecendo um poder computacional, uma segurança e uma eficiência sem precedentes às empresas e aos particulares. A computação quântica promete desbloquear novas fronteiras na computação em nuvem, remodelando a paisagem digital nos próximos anos.

Conclusão:

À medida que avançamos para o futuro, torna-se cada vez mais evidente que a tecnologia continuará a evoluir a um ritmo acelerado, transformando a forma como interagimos com o mundo digital. Entre a infinidade de tendências e inovações futuras, destacam-se três áreas principais: Computação de borda e integração de IoT, computação sem servidor e funções como serviço (FaaS), e computação quântica e suas implicações para a nuvem.

A computação de ponta e a integração da IoT representam uma mudança de paradigma na forma como os dados são processados e utilizados. Ao aproximar a computação e o armazenamento de dados da fonte de geração de dados, a computação periférica reduz a latência e a utilização da largura de banda, permitindo o processamento em tempo real de dados de dispositivos IoT. Esta integração abre novas possibilidades para sectores que vão desde os cuidados de saúde à indústria transformadora, onde a tomada de decisões instantâneas com base em dados de sensores pode aumentar significativamente a eficiência e a produtividade.

A computação sem servidor e a FaaS estão a revolucionar a forma como as aplicações são criadas e implementadas na cloud. Com as arquitecturas sem servidor, os programadores podem concentrar-se apenas na escrita de código sem se preocuparem com a gestão da infraestrutura. As funções como serviço levam isso um passo adiante, permitindo que os desenvolvedores implantem funções individuais que são acionadas por eventos específicos, levando a uma maior escalabilidade e eficiência de custos. À medida que a adoção sem servidor continua a crescer, podemos esperar uma proliferação de aplicativos baseados em microsserviços que são altamente ágeis e resilientes.

A computação quântica tem o potencial de alterar as bases da computação moderna, aproveitando os princípios da mecânica quântica para efetuar cálculos a velocidades exponencialmente mais rápidas do que os computadores clássicos. Embora ainda esteja a dar os primeiros passos, a computação quântica é promissora na resolução de problemas complexos de otimização, na simulação de estruturas moleculares para a descoberta de medicamentos e na quebra de algoritmos de encriptação. À medida que o hardware quântico amadurece e os algoritmos melhoram, terá profundas implicações para o futuro da computação em nuvem, permitindo abordagens inteiramente novas ao processamento e análise de dados.

No entanto, juntamente com estes avanços empolgantes, surgem desafios e considerações. A computação de borda e a integração da IoT levantam preocupações sobre a privacidade e a segurança dos dados, pois as informações confidenciais são processadas mais perto da borda onde são geradas. A computação sem servidor e a FaaS introduzem novas complexidades na monitorização e depuração de sistemas distribuídos, necessitando de ferramentas e práticas robustas. A computação quântica coloca desafios únicos no desenvolvimento de algoritmos e na correção de erros, exigindo uma colaboração interdisciplinar entre físicos, matemáticos e cientistas informáticos.

Em conclusão, o futuro da tecnologia está prestes a ser moldado pela computação de ponta e pela integração da IoT, pela computação sem servidor e pelas funções como serviço, e pela computação quântica. Estas tendências têm um potencial imenso para impulsionar a inovação em todos os sectores e capacitar as organizações para resolverem problemas complexos com maior rapidez e eficiência. No entanto, a concretização deste potencial exigirá uma navegação cuidadosa dos desafios e das considerações éticas, garantindo que os benefícios destas inovações sejam realizados de forma responsável e inclusiva. Ao embarcarmos nesta viagem rumo ao futuro, devemos abraçar as oportunidades apresentadas por estas tecnologias transformadoras, mantendo-nos simultaneamente vigilantes na abordagem dos riscos que lhes estão associados.

Capítulo 8: Conclusão

Introdução:

A computação em nuvem revolucionou a forma como as empresas operam, comunicam e gerem as suas infra-estruturas de TI. Na sua essência, a computação em nuvem refere-se à prestação de serviços informáticos através da Internet, proporcionando aos utilizadores o acesso a uma vasta gama de recursos e aplicações sem necessidade de infra-estruturas no local. Esta secção introdutória visa explorar os aspectos fundamentais da computação em nuvem, incluindo a sua definição, desenvolvimento histórico e importância no panorama digital moderno.

A computação em nuvem engloba um amplo espetro de serviços e tecnologias que permitem aos utilizadores aceder a recursos informáticos a pedido, a partir de qualquer lugar com uma ligação à Internet. Estes recursos incluem, mas não se limitam a, armazenamento, capacidade de processamento, capacidades de rede e aplicações de software. Em vez de investir e manter hardware físico, as organizações podem aproveitar os serviços de nuvem fornecidos por fornecedores terceiros, pagando apenas pelos recursos que consomem.

O conceito de computação em nuvem tem as suas raízes na década de 1960, com o desenvolvimento de sistemas de partilha de tempo que permitiam a vários utilizadores aceder a um único computador em simultâneo. No entanto, só no início da década de 2000 é que a computação em nuvem ganhou a atenção do grande público, impulsionada pelos avanços na virtualização, na Internet de banda larga e na proliferação de aplicações baseadas na Web. Desde então, a computação em nuvem evoluiu rapidamente, com os principais gigantes da tecnologia a investirem fortemente em infra-estruturas e inovação para satisfazer as crescentes exigências das empresas e dos consumidores.

A computação em nuvem oferece inúmeros benefícios para organizações de todos os tamanhos, incluindo economia de custos, escalabilidade, flexibilidade e colaboração aprimorada. Ao transferir os recursos de TI para a nuvem, as empresas podem reduzir as despesas de capital em hardware e software, ao mesmo tempo que ganham a agilidade para se adaptarem rapidamente às condições de mercado em mudança. Além disso, a computação em nuvem permite o acesso contínuo a dados e aplicações a partir de qualquer dispositivo, permitindo que os funcionários trabalhem remotamente e colaborem de forma mais eficiente.

Compreender os fundamentos da computação em nuvem é essencial para maximizar seu potencial dentro de uma organização. Isso inclui familiarizar-se com os vários modelos de serviços em nuvem, como Infraestrutura como serviço (IaaS), Plataforma como serviço (PaaS) e Software como serviço (SaaS), cada um oferecendo diferentes níveis de abstração e responsabilidades de gerenciamento. Além disso, o conhecimento dos modelos de implantação de nuvem, incluindo nuvens públicas, privadas, híbridas e comunitárias, é crucial para projetar uma estratégia de nuvem ideal adaptada às necessidades comerciais específicas.

O panorama da computação em nuvem é dominado por um punhado de grandes fornecedores de serviços, incluindo a Amazon Web Services (AWS), a Microsoft Azure e a Google Cloud Platform (GCP), entre outros. Cada um desses fornecedores oferece um conjunto abrangente de serviços e recursos, atendendo a uma ampla gama de casos de uso e setores. Compreender os pontos fortes e fracos de cada plataforma é essencial para tomar decisões informadas relativamente à adoção da nuvem e às estratégias de migração.

A virtualização desempenha um papel central na computação em nuvem, permitindo a utilização eficiente de recursos físicos de hardware através da criação de instâncias virtuais de servidores, redes e dispositivos de armazenamento. Ao abstrair os recursos de computação do hardware subjacente, a virtualização aumenta a escalabilidade, a flexibilidade e a utilização de recursos, reduzindo assim os custos e melhorando o desempenho geral. Diferentes tipos de virtualização, incluindo virtualização de servidor, rede e armazenamento, servem como blocos de construção para a construção de infra-estruturas baseadas em nuvem.

A gestão eficiente dos recursos da nuvem é essencial para maximizar o valor dos investimentos em computação em nuvem. Isso envolve tarefas como provisionamento de recursos, orquestração, automação e monitoramento, que ajudam a garantir desempenho, disponibilidade e economia ideais. A adoção de práticas DevOps e a utilização de ferramentas de automatização podem simplificar a implementação e a gestão de aplicações baseadas na nuvem, acelerando a inovação e o tempo de colocação no mercado.

À medida que as organizações dependem cada vez mais da computação em nuvem para cargas de trabalho de missão crítica e dados confidenciais, garantir a segurança e a conformidade regulamentar torna-se fundamental. Os ambientes de nuvem apresentam desafios e ameaças de segurança exclusivos, incluindo violações de dados, acesso não autorizado e violações de conformidade. A implementação de medidas de segurança robustas, a adesão às práticas recomendadas do setor e a conformidade com os regulamentos relevantes são essenciais para reduzir os riscos e proteger as informações confidenciais na nuvem.

Exemplos reais de implementações de nuvem bem-sucedidas mostram o potencial transformador da computação em nuvem em vários setores e domínios. Desde transformações digitais em toda a empresa até à adoção de aplicações nativas da nuvem e arquitecturas de microsserviços, as organizações estão a tirar partido da nuvem para impulsionar a inovação, melhorar a agilidade e obter uma vantagem competitiva no mercado. Ao estudar esses estudos de caso e casos de uso, as empresas podem obter insights e práticas recomendadas para sua própria jornada na nuvem.

Olhando para o futuro, várias tendências e inovações emergentes estão preparadas para moldar o futuro da computação em nuvem. A computação de ponta e a integração da IoT prometem aproximar os recursos de computação do ponto de geração de dados, permitindo o processamento e a análise em tempo real de conjuntos de dados maciços. A computação sem servidor e os modelos de funções como serviço (FaaS) oferecem uma abordagem mais granular e económica para o desenvolvimento e a implementação de aplicações. Além disso, o advento da computação quântica tem o potencial de revolucionar o campo da computação em nuvem, dando início a uma era de poder e capacidades computacionais sem precedentes.

Em conclusão, a computação em nuvem representa uma mudança de paradigma na forma como as organizações utilizam a tecnologia para impulsionar a inovação e atingir os objectivos comerciais. Ao adotar os princípios e as tecnologias da computação em nuvem, as empresas podem desbloquear novas oportunidades de crescimento, eficiência e competitividade num mundo cada vez mais digital. À medida que a computação em nuvem continua a evoluir, manter-se informado sobre as últimas tendências, melhores práticas e inovações é essencial para aproveitar todo o seu potencial e manter-se à frente da curva.

8.1. Recapitulação dos pontos-chave

A computação em nuvem é um paradigma que envolve a prestação de serviços de computação através da Internet, proporcionando aos utilizadores o acesso a uma vasta gama de recursos e aplicações a pedido, sem necessidade de gestão direta da infraestrutura física. A sua história e evolução remontam ao início da década de 2000, quando as empresas começaram a explorar formas de fornecer serviços de TI à distância. Ao longo do tempo, a computação em nuvem tornou-se cada vez mais importante, oferecendo inúmeras vantagens, como a escalabilidade, a flexibilidade, a relação custo-eficácia e a acessibilidade a partir de qualquer lugar com uma ligação à Internet.

A computação em nuvem opera em vários modelos de serviço, incluindo Infraestrutura como Serviço (IaaS), Plataforma como Serviço (PaaS) e Software como Serviço (SaaS), cada um atendendo a diferentes necessidades e responsabilidades dos utilizadores. Além disso, os modelos de implementação da nuvem - pública, privada, híbrida e comunitária - oferecem flexibilidade na forma como os recursos são geridos e partilhados. Compreender os principais componentes e a arquitetura da computação em nuvem é essencial para conceber sistemas escaláveis e resilientes.

Os principais fornecedores de serviços na nuvem, como o AWS, o Azure e o Google Cloud, dominam o mercado, oferecendo uma vasta gama de serviços e funcionalidades para satisfazer diversos requisitos empresariais. A comparação destas plataformas ajuda as organizações a tomar decisões informadas sobre o fornecedor que melhor se adapta às suas necessidades. Além disso, o sector da nuvem continua a evoluir com as tendências emergentes e os intervenientes que introduzem soluções inovadoras e desafiam o status quo.

A virtualização desempenha um papel crucial na computação em nuvem, permitindo a utilização eficiente de recursos e o isolamento através de técnicas como a virtualização de servidores, redes e armazenamento. Entender o papel da virtualização na computação em nuvem é fundamental para otimizar a alocação de recursos e melhorar a escalabilidade.

O provisionamento e a orquestração eficientes de recursos são essenciais para manter o desempenho ideal e a relação custo-benefício em ambientes de nuvem. As práticas de automação e DevOps simplificam os processos, permitindo uma implantação rápida e pipelines de integração contínua/implantação contínua (CI/CD). Além disso, o monitoramento e a otimização da infraestrutura de nuvem garantem confiabilidade e desempenho.

A segurança é uma das principais preocupações da computação em nuvem devido ao modelo de responsabilidade partilhada e ao potencial de violação de dados. A resolução dos desafios de segurança e a implementação das melhores práticas, como a encriptação, a gestão da identidade e do acesso (IAM) e as auditorias regulares, são cruciais para manter a integridade e a confidencialidade dos dados. A conformidade com os requisitos regulamentares garante o tratamento legal e ético das informações sensíveis.

As empresas de todo o mundo estão a adotar a computação em nuvem para melhorar a eficiência, a agilidade e a inovação. As aplicações nativas da nuvem e as arquitecturas de microsserviços permitem o desenvolvimento e a implementação rápidos de soluções escaláveis. Exemplos do mundo real mostram o impacto transformador das implementações da nuvem em várias indústrias e sectores de atividade.

O futuro da computação em nuvem oferece possibilidades interessantes, incluindo a computação de ponta e a integração da IoT para processamento descentralizado e análise de dados em tempo real. A computação sem servidor e as funções como serviço (FaaS) oferecem um modelo de execução do lado do servidor, reduzindo a sobrecarga operacional e o dimensionamento com base na procura. Além disso, os avanços na computação quântica apresentam novas oportunidades e desafios para o sector da nuvem.

Em conclusão, a computação em nuvem revolucionou o cenário de TI, oferecendo escalabilidade, flexibilidade e acessibilidade sem precedentes. Compreender os seus principais conceitos, fornecedores e tecnologias é essencial para tirar partido de todo o seu potencial. À medida que o sector continua a evoluir, manter-se informado sobre as tendências e inovações emergentes será crucial para as organizações que procuram manter uma vantagem competitiva.

8.2. O futuro da computação em nuvem

O futuro da computação em nuvem está preparado para revolucionar a forma como as empresas e os indivíduos interagem com dados, aplicações e infra-estruturas tecnológicas. Com os avanços tecnológicos e a crescente procura de escalabilidade, flexibilidade e eficiência, espera-se que a computação em nuvem continue a sua rápida evolução nos próximos anos.

Em primeiro lugar, o futuro da computação em nuvem reside na expansão das arquitecturas híbridas e multi-nuvem. À medida que as organizações procuram otimizar o desempenho e reduzir os riscos, adoptarão cada vez mais soluções de nuvem híbrida, combinando as vantagens das nuvens públicas e privadas. As estratégias multi-nuvem também ganharão destaque, permitindo que as empresas aproveitem os serviços de vários provedores de nuvem para atender a diversas necessidades.

Além disso, a computação periférica desempenhará um papel fundamental no futuro da computação em nuvem. À medida que o ecossistema da Internet das Coisas (IoT) cresce e gera grandes quantidades de dados, o processamento destes dados mais perto da sua fonte torna-se essencial. A computação periférica aproxima a computação e o armazenamento de dados do local onde são necessários, reduzindo a latência e permitindo percepções e acções em tempo real.

Além disso, a inteligência artificial (IA) e a aprendizagem automática (ML) continuarão a melhorar as capacidades de computação em nuvem. Os serviços de IA e ML baseados na nuvem permitem às organizações tirar partido de algoritmos poderosos e de vastos conjuntos de dados para análise preditiva, processamento de linguagem natural e visão por computador, entre outras aplicações. Estas capacidades irão impulsionar a inovação em todos os sectores, desde os cuidados de saúde e finanças até à indústria transformadora e ao retalho.

Além disso, a segurança e a privacidade continuarão a ser preocupações fundamentais no futuro da computação em nuvem. Com as ciberameaças a tornarem-se mais sofisticadas, os fornecedores de serviços de computação em nuvem investirão fortemente em medidas de segurança avançadas, como a encriptação, a autenticação e a inteligência contra ameaças. A conformidade com regulamentos como o RGPD e a CCPA também irá moldar o desenvolvimento de serviços em nuvem, garantindo a proteção de dados e a privacidade dos utilizadores.

Além disso, a computação quântica tem um enorme potencial para transformar a computação em nuvem no futuro. Embora ainda na sua fase inicial, a computação quântica tem a capacidade de resolver problemas complexos a velocidades inatingíveis pelos computadores clássicos. Os fornecedores de serviços de computação em nuvem já estão a explorar formas de integrar a computação quântica nos seus serviços, abrindo novas possibilidades de otimização, simulação e criptografia.

Além disso, o futuro da computação em nuvem será caracterizado pelo aumento da automação e da orquestração. As práticas de DevOps, a conteinerização e a computação sem servidor permitirão que as organizações simplifiquem a implantação, o gerenciamento e o dimensionamento de aplicativos na nuvem. As ferramentas de automação e os fluxos de trabalho orientados por IA aumentarão ainda mais a eficiência e reduzirão a sobrecarga operacional.

Por último, a sustentabilidade ambiental tornar-se-á uma consideração crítica no futuro da computação em nuvem. Como os centros de dados consomem grandes quantidades de energia, haverá uma ênfase crescente em fontes de energia renováveis, infra-estruturas eficientes em termos energéticos e redução da pegada de carbono. Os fornecedores de serviços de computação em nuvem darão cada vez mais prioridade a iniciativas de sustentabilidade para minimizar o seu impacto ambiental e contribuir para um futuro mais ecológico.

Em conclusão, o futuro da computação em nuvem é imensamente promissor para impulsionar a inovação, a eficiência e a sustentabilidade em todos os sectores. Com os avanços em arquitecturas híbridas e multi-nuvem, computação periférica, IA e ML, segurança, computação quântica, automação e sustentabilidade, a computação em nuvem continuará a ser uma força transformadora na era digital.

8.3. Considerações finais e recomendações

Ao encerrarmos o nosso debate sobre a computação em nuvem, é fundamental reflectir sobre o seu impacto e apresentar algumas reflexões e recomendações finais. A computação em nuvem revolucionou, sem dúvida, a forma como as empresas funcionam, proporcionando flexibilidade, escalabilidade e acessibilidade aos recursos sem precedentes. No entanto, não está isenta de desafios e considerações.

Em primeiro lugar, a segurança continua a ser uma preocupação fundamental no panorama da computação em nuvem. Embora os fornecedores de serviços em nuvem invistam fortemente em medidas de segurança, as organizações também devem tomar medidas proactivas para proteger os seus dados e aplicações. Isto inclui a implementação de protocolos de encriptação robustos, auditorias de segurança regulares e controlos de acesso rigorosos.

Em segundo lugar, a gestão dos custos é outro aspeto crítico a considerar. Embora o modelo de pagamento conforme o uso da computação em nuvem ofereça economia de custos, é essencial monitorar o uso de perto para evitar despesas inesperadas. As organizações devem rever regularmente a sua utilização da nuvem e otimizar os recursos para garantir uma boa relação custo-eficácia.

Além disso, a dependência do fornecedor é um risco potencial associado à computação em nuvem. As organizações devem avaliar cuidadosamente as preocupações com o bloqueio do fornecedor ao selecionar um fornecedor de serviços em nuvem e adotar estratégias para mitigar este risco, como a implementação de soluções multi-nuvem ou de nuvem híbrida.

Para além disso, os requisitos regulamentares e de conformidade devem ser cuidadosamente navegados no ambiente de nuvem. As organizações que operam em sectores altamente regulamentados precisam de garantir que a sua infraestrutura de nuvem está em conformidade com os regulamentos e normas específicos do sector.

Numa nota positiva, a computação em nuvem oferece uma escalabilidade sem paralelo, permitindo às organizações aumentar ou diminuir rapidamente os recursos com base na procura. Esta agilidade permite que as empresas respondam rapidamente às mudanças nas condições do mercado e às necessidades dos clientes.

Além disso, a computação em nuvem promove a colaboração e a inovação, fornecendo uma plataforma para a integração perfeita de ferramentas e serviços. Isto fomenta a criatividade e acelera o ritmo de desenvolvimento e implementação de novas aplicações e serviços.

Em conclusão, embora a computação em nuvem apresente inúmeras oportunidades para as empresas, ela também apresenta desafios que exigem consideração e gerenciamento cuidadosos. Ao priorizar a segurança, o gerenciamento de custos, a mitigação do bloqueio de fornecedores, a conformidade e o aproveitamento dos benefícios de escalabilidade e inovação da nuvem, as organizações podem maximizar o valor da computação em nuvem e minimizar os riscos. Adotar a computação em nuvem de forma estratégica e cuidadosa pode impulsionar as empresas para um futuro mais ágil, eficiente e competitivo.

Conclusão:

A computação em nuvem revolucionou, sem dúvida, a forma como armazenamos, gerimos e acedemos a dados e aplicações. Apesar das preocupações com a segurança, a privacidade e a fiabilidade, os benefícios que oferece são substanciais. Para concluir, é evidente que a computação em nuvem tem o potencial de melhorar significativamente a eficiência, a escalabilidade e a acessibilidade em vários sectores, incluindo empresas, educação, cuidados de saúde e administração pública.

Uma das principais vantagens da computação em nuvem é a sua escalabilidade. As organizações podem facilmente aumentar ou diminuir os seus recursos com base na procura, permitindo uma maior flexibilidade e rentabilidade. Esta escalabilidade também permite que as empresas em fase de arranque e as pequenas empresas acedam a recursos de potência de computação e de armazenamento que antes só estavam disponíveis para as grandes empresas.

Além disso, a computação em nuvem promove a colaboração e a inovação ao proporcionar um acesso fácil a recursos e ferramentas partilhados. As equipas podem colaborar em tempo real, independentemente da sua localização física, promovendo a criatividade e a produtividade. Além disso, os serviços baseados na nuvem incluem frequentemente funcionalidades de colaboração incorporadas, como a partilha de documentos e o controlo de versões, facilitando ainda mais o trabalho em equipa.

Do ponto de vista financeiro, a computação em nuvem oferece economias de custo significativas. Ao subcontratar a gestão de infra-estruturas a fornecedores terceiros, as organizações podem reduzir as despesas de capital iniciais em hardware e software. Em vez disso, pagam apenas pelos recursos que consomem numa base de pagamento conforme o uso, levando a custos operacionais mais baixos e a uma melhor gestão do orçamento.

Além disso, a computação em nuvem melhora a segurança dos dados e as capacidades de recuperação de desastres. Os fornecedores de serviços de computação em nuvem de renome investem fortemente em medidas de segurança de ponta, como encriptação, firewalls e autenticação multifactor, para proteger os dados sensíveis contra o acesso não autorizado e as ciberameaças. Além disso, os backups baseados na nuvem e os mecanismos de redundância garantem a integridade e a disponibilidade dos dados, mesmo em caso de falhas de hardware ou desastres naturais.

No entanto, é crucial reconhecer os desafios associados à computação em nuvem, particularmente no que diz respeito à privacidade dos dados, à conformidade regulamentar e ao bloqueio do fornecedor. As organizações devem avaliar cuidadosamente as práticas de segurança, as certificações de conformidade e as políticas de residência de dados dos seus fornecedores de serviços de computação em nuvem para garantir a conformidade regulamentar e atenuar os potenciais riscos.

Em conclusão, embora a computação em nuvem ofereça inúmeros benefícios, incluindo escalabilidade, economia de custos e colaboração melhorada, as organizações devem abordar a sua adoção de forma estratégica e cautelosa. Ao abordar as questões de segurança, garantir a conformidade regulamentar e adotar as melhores práticas, as organizações podem aproveitar totalmente o poder da computação em nuvem para impulsionar a inovação, simplificar as operações e atingir os seus objectivos comerciais.

9. Recursos para aprendizagem futura

1. J. Shen, T. Zhou, D. He, Y. Zhang, X. Sun e Y. Xiang, "Block Design-Based Key Agreement for Group Data Sharing in Cloud Computing", em IEEE Transactions on Dependable and Secure Computing, vol. 16, n.º 6, pp. 996-1010, 1 Nov.-Dez. 2019, doi: 10.1109/TDSC.2017.2725953.

2. Sun, G. Gao, T. Ji e X. Tu, "One Quantifiable Security Evaluation Model for Cloud Computing Platform", 2018 Sixth International Conference on Advanced Cloud and Big Data (CBD), Lanzhou, China, 2018, pp. 197-201, doi: 10.1109/CBD.2018.00043.

3. Baun, M. Kunze e V. Mauch, "The KOALA Cloud Manager: Cloud Service Management the Easy Way", 2011 IEEE 4th International Conference on Cloud Computing, Washington, DC, EUA, 2011, pp. 744-745, doi: 10.1109/CLOUD.2011.64.

4. T. Mengistu, A. Alahmadi, A. Albuali, Y. Alsenani e D. Che, "A "No Data Center" Solution to Cloud Computing", 2017 IEEE 10th International Conference on Cloud Computing (CLOUD), Honololu, HI, USA, 2017, pp. 714-717, doi: 10.1109/CLOUD.2017.99.

5. M. Bahrami, "Cloud Computing for Emerging Mobile Cloud Apps," 2015 3rd IEEE International Conference on Mobile Cloud Computing, Services, and Engineering, San Francisco, CA, USA, 2015, pp. 4-5, doi: 10.1109/MobileCloud.2015.40.

I want morebooks!

Buy your books fast and straightforward online - at one of world's fastest growing online book stores! Environmentally sound due to Print-on-Demand technologies.

Buy your books online at
www.morebooks.shop

Compre os seus livros mais rápido e diretamente na internet, em uma das livrarias on-line com o maior crescimento no mundo! Produção que protege o meio ambiente através das tecnologias de impressão sob demanda.

Compre os seus livros on-line em
www.morebooks.shop

Printed by Books on Demand GmbH, Norderstedt / Germany